Volker Wiskamp

Vom Anthropozän ins Symbiozän
-
Eine virtuelle Museumsausstellung
mit Begleitseminar

Vom Anthropozän ins Symbiozän

Eine virtuelle Museumsausstellung mit Begleitseminar

Anregungen für den fächerübergreifenden naturwissenschaftlichen Unterricht

Volker Wiskamp

Bibliografische Information der deutschen Nationalbibliothek:
Die Deutsche Nationalbibliothek verzeichnet diese Publikation
in der deutschen Nationalbibliografie;
detaillierte bibliografische Daten sind im Internet
über dbn.dbn.de abrufbar.

Herstellung und Verlag BoD - Books on Demand, Norderstedt

ISBN: 978-3-7557-6002-3

Vorwort

VIELLEICHT hat jeder Mensch in seiner Jugend ein Schlüsselerlebnis, dass ihn sein Leben lang prägt. Bei mir war das 1972 der Fall, als mein Erdkundelehrer in die Klasse kam und »Die Grenzen des Wachstums« [1] mitbrachte. Das Buch – es war gerade in der deutschen Übersetzung erschienen – muss den Lehrer so beeindruckt haben, dass er es unmittelbar nach seiner Lektüre zum Lehrmaterial machte. Vermutlich waren meine Klassenkamerad*innen und ich die ersten deutschen Schüler*innen, denen das völlig neue Gedankengut vermittelt wurde.

Ich war damals zwar erst 15 Jahre alt, doch es leuchtet mir sofort ein, dass die Erde in absehbarer Zeit keinen Platz mehr für eine exponentiell wachsende Bevölkerung bieten könne, dass fossile und andere Rohstoffe irgendwann aufgebraucht sein müssten, dass eine Wirtschaft, die nach dem Dogma „mehr, mehr, mehr ..." funktioniert, ein Irrsinn sei und dass die Müllberge wachsen und Kontaminationen von Wasser, Luft und Boden zwangsläufig steigen müssten.

17 Jahre später wurde ich Chemie-Professor an der Hochschule Darmstadt. Neben dem Unterrichten von stöchiometrischem Rechnen, Reaktionsmechanismen etc. hatte ich die Freiheit, mich in der fachdidaktischen Forschung und Entwicklung dem zu widmen, wofür ich Wissenschaftler geworden bin, nämlich die Natur zu verstehen und jungen Menschen zu vermitteln, wie die Natur da, wo sie krank ist, mit Hilfe der Chemie geheilt bzw. wie sie von vornherein gesund gehalten werden kann. Dabei war mir die Ambivalenz der Chemie bewusst, denn letztere ist ein Fluch und ein Segen zugleich: Sie kann Mensch und Natur zerstören, was zu vermeiden ist; andererseits läuft im Umweltschutz nichts ohne Chemie, da alle Wasser- Luft- und Bodenreinigungsverfahren auf chemischen Prinzipien beruhen und auch die Energiebereitstellung immer etwas mit chemischen Prozessen zu tun hat.

Ich trieb das Konzept des Praktikumsintegrierten Umweltschutzes voran, bemühte mich um ein gefahrloseres und umweltfreundliches Experimentieren in allen Stufen der Chemieausbildung und nahm industriellen Umweltschutz in die akademische Lehre auf. In den letzten sechs Jahren habe ich, von der Chemie ausgehend, den Blickwinkel in meinen Öko-Seminaren um philosophische, ethische, religiöse, wirtschaftliche, politische und rechtliche Aspekte erweitert, denn Ökologie ist ein hochgradig interdisziplinäres Fach, was gerade deshalb auch besonders interessant ist.

Diese Öko-Seminare habe ich in einem im Frühjahr 2021 im Books-on-Demand-Verlag (BoD) erschienenen Buch »Die globale Metakrise aus dem Blickwinkel der Chemie« [2] zusammengefasst. Damit möchte ich Kolleg*innen exemplarisch zeigen, wie spannend und lohnend es sein kann, sich in Projekten der Ökologie und den verschiedenen weltweiten Krisen zu widmen.

Im Sommer 2021 habe ich ein kleines Buch unter dem Titel »Geh' mir aus der Sonne – Das Ökologische Manifest – 95 Thesen« [3] bei BoD nachgelegt. Mit Anspielungen auf Diogenes, Marx und Luther möchte ich meine Kolleg*innen ermutigen, ökologische Themen insbesondere auch in Zusammenarbeit mit anderen Fachkolleg*innen in ihren Unterricht zu integrieren; dazu gebe ich 95 Tipps und betone – wie Diogenes –, dass die Energie für das Leben auf der Erde zum allergrößten Teil von der Sonne kommt und dass die Erde und das Leben einzigartig und deshalb besonders schützenwert sind.

Nun, im letzten Jahr vor meiner Pensionierung kam die Idee auf, die Ökologie und die globale Metakrise in Bildern zu erzählen, nach dem Motto: „Ein Bild sagt mehr als tausend Worte". Mit einer Gruppe von Studierenden entwickelte ich eine virtuelle Ausstellung von etwas mehr als 100 Bildern, welche die wesentlichen Aspekte des Klimawandels, des Artensterbens, des Bevölkerungswachstums, der Ressourcenknappheit, der Umweltverschmutzung … thematisieren und Vorschläge unterbreiten, um „Vom Anthropozän ins Symbiozän" – diesen Titel wählten wir für die Ausstellung – zu gelangen.

Im ersten Teil des vorliegenden Buches lade ich Sie, sehr geehrte Leser*innen, zu einem virtuellen Gang durch unser Museum ein. Vielleicht – oder besser: hoffentlich – werden Sie danach mit Ihren Schüler*innen bzw. Student*innen im Rahmen von Arbeitsgemeinschaften oder Projekten eine ähnliche Ausstellung konzipieren.

Zu einer Museumsaustellung gehört ein Vortrags- und seminaristisches Rahmenprogramm. Das steht im zweiten Teil des vorliegenden Buches.

Heute schaue ich auf 33 Jahre Lehre der Chemie und Ökologie zurück. Was wurde währenddessen in der Welt erreicht? Die ökologische Bildung und das Umweltbewusstsein haben zugenommen. Viele Verfahren zum Umweltschutz wurden entwickelt und erfolgreich umgesetzt. So ist das Wasser in deutschen Flüssen und die Luft in deutschen Innenstädten heute sauberer als damals, als Dennis Meadows und sein Team »Die Grenzen des Wachstums« geschrieben haben. Aber global betrachtet hat sich die ökologische Krise in vielerlei Hinsicht und teilweise dramatisch verschärft: Das Artensterben hat ein bedrohliches Ausmaß angenommen; immer mehr Rohstoffe werden zu Konfliktstoffen; in vielen Ländern ersticken die Menschen im Smog und Abfall; die Erderwärmung rollt wie ein gewaltiger Tsunami auf uns zu …

Wir leben leider immer noch – wie bereits zu meiner Schulzeit – im Zeitalter des Anthropozäns, in dem die Menschen die Erde als ein reines Subjekt betrachten, das ihnen gehört und das sie beliebig und zunehmend rasant ausbeuten dürfen. Doch „This is so wrong!", spricht Greta Thunberg mir aus dem Herzen. Die Menschheit muss realisieren, dass sie ein Teil der Natur ist und nur überleben kann, wenn sie im Einklang mit ihr lebt. Das wäre dann eine Symbiose.

Es ist an der Zeit – ja, es ist höchste Zeit –, dass das Anthropozän ins Symbiozän übergeht!

GRÖßTER Dank gilt meinem Projektteam. Abdellatif Hmiza hat viele der hier vorgestellten Bilder gefunden [4], und Ksenia Feklushina hat für das Ausstellungsseminar geeignete, im Internet frei verfügbare Vorträge, Interviews und Lernvideos ausgesucht [5]. Polina Campos Tumanova ist der Frage nachgegangen, warum trotz allen Fachwissens und der Notwendigkeit, den Klimawandel zu stoppen, so wenig geschieht [6]. Kristina Masalimow hat das Thema Ökosystemdienstleitungen [7] und Franziska Hirschel ökologische Aspekte aus dem neuen Buch des Nobelpreisträgers Paul Nurse »Was ist Leben?« [8] in unser Seminar eingebracht. Grigorij Gelfond hat Naturschutzkonzepte am Beispiel des Yellowstone Nationalparks vorgestellt; Sanjeep Ghimire hat das Buch »Wer wird überleben?« von Lothar Frenz [9] rezensiert [10]. Lyne-Kyssel Dongmo Zangue stellte die Hypothese auf, dass Umweltschutz nur etwas für reiche Nationen ist und dass in Schwellen- und Dritte-Welt-Ländern nach wie vor neokolonialistische Zustände unter Missachtung vieler Umweltschutz-Standards herrschen [11]. Lisa Katharina Hassel, Simon Böttcher und Kuldeep Singh haben das riesige Problem der Umweltkriminalität beleuchtet. Celine Nüchter hat die Ergebnisse der großen Klimakonferenzen zusammengefasst (vgl. [12]), und Madiha Atiq hat recherchiert, in wie weit die Justiz Einfluss auf die tatsächliche Umsetzung der Klimaabkommen nehmen kann und nimmt [13]. Yasmina Schuck hat das Vorhaben des Green New Deals kontrovers diskutiert, und Emanuela Asenova hat ausgewählte Kapitel der Ökologischen Philosophie studiert [14].

EINIGE der in diesem Buch geäußerten Gedanken habe ich bereits in der Zeitschrift Chemie in Labor und Biotechnik publiziert. Deshalb danke ich dem Redakteur von CLB, Rolf Kickuth, recht herzlich für sein Interesse an meinen Arbeiten und seine Unterstützung.

DIESES Buch, das meine Trilogie zur Thematisierung der globalen Metakrise im fächerübergreifenden naturwissenschaftlichen Unterricht abschließt, möchte ich – wie die beiden ersten Bücher auch – meinem Sohn Yoshiki widmen.

Darmstadt, im Dezember 2021

Volker Wiskamp

Inhaltsverzeichnis

Einleitung und didaktisches Konzept

WENN Sie, sehr verehrte Leser*innen, in ein Museum gehen, möchten Sie sich von den ausgestellten Kunstwerken inspirieren lassen. Manches Werk verstehen Sie vielleicht nicht sofort; dann ist eine Führung oder die Erklärung in einen Begleitband sinnvoll. Manche Werke schockieren Sie, bei manchen müssen Sie lachen …. Irgendetwas machen die Kunstwerke mit Ihnen, und das ist gut so.

Im Herbst 2021 kam in meiner Ökologie-Arbeitsgruppe die Idee auf, die Metakrise aus Klimawandel, Artensterben, Bevölkerungswachstum, Ressourcenknappheit, Umweltverschmutzung, Pandemien etc., in der sich die Welt befindet, in Form von Bildern zu erzählen. Wir wollten ein neues Narrativ schaffen und nicht, wie bislang in unseren Öko-Seminaren, fachwissenschaftliche Vorlesungen oder Referate über Solartechnik, Trinkwasseraufbereitung, Düngemittel und Pestizide usw. halten und (populär)wissenschaftliche Öko-Literatur besprechen oder rezensieren, sondern die Bilder sprechen lassen, nach dem Motto: *„Ein Bild sagt mehr als tausend Worte."*

Mal betrachten wir ein Salgado-Foto von Goldgräbern und erschrecken über den Neokolonialismus, wenn es um einen Konfliktrohstoff geht. Dann schauen wir uns eine Karikatur von Donald Trump an und überlegen, wie wir Leugner des Klimawandels von ihrer falschen Meinung abbringen können. Weiter betrachten wir ein Bild der Arche Noah, fragen uns, wer den Klimawandel wohl überleben wird, und ob das Nachzüchten von Tieren, die vom Aussterben bedroht sind, in zoologischen Gärten oder die Kryo-Konservierung ihrer Stammzellen moderne Formen von Noahs Arche sind. Schließlich erleben wir anhand der Keeling-Kurve, wie die Erdatmosphäre jahreszeitlich bedingt Kohlenstoffdioxid ein- und ausatmet, sowie den leicht exponentiellen Anstieg der CO_2-Konzentration seit über mehr als dem letzten halben Jahrhundert. Diese vier Beispiele sollen reichen, um Sie neugierig auf den Museumsbesuch zu machen.

Wir haben über 100 Gemälde, Fotografien, Cartoons, Karikaturen und Graphiken zusammengetragen und beschriftet. Unsere „Ausstellung", für die wir den Titel „Vom Anthropozän ins Symbiozän" wählten, ist virtuell, d.h. sie ist eine Power-Point-Präsentation, die ich Ihnen gerne auf Anfrage per E-Mail (volker.wiskamp@h-da.de) zur Verfügung stelle. Im vorliegenden Buch sind die Bilder gar nicht abgedruckt, sondern lediglich über Hyperlinks aufrufbar. (Das Buch ist also interaktiv mit dem Internet.) Das war zunächst aufgrund des Copyrights nicht anders möglich, hat aber auch einen fachdidaktischen Grund: Wir möchten Sie nämlich dazu ermutigen, in Arbeitsgemeinschaften oder Projekten selbst ähnliche Ausstellungen zu konzipieren und Ihnen dazu mit unserer Sammlung lediglich einen Vorschlag unterbreiten.

In ersten Teil des vorliegenden Buches übernehme ich die Funktion eines Museumsführers, der Ihnen die Bilder beschreibt und im Sinne der Ökologie und globalen Metakrise interpretiert. Wenn Sie die elektronische Form dieses Buches besitzen, reicht ein Klick auf den Link in einem Kasten, der quasi ein „Bilderrahmen" ist, und – voilá – haben Sie das Bild aus dem Internet auf Ihren Bildschirm gezaubert. Wenn Sie die gedruckte Version dieses Buches haben, ist es natürlich etwas mühsamer, die Quellenangabe erst noch in einen Browser einzutippen. Die Hyperlinks sind mit dem Stand vom 11.12.2021 aktiv; Sie kennen aber das Problem, dass die Verfügbarkeit von Daten im Internet manchmal nur von begrenzter Dauer ist. Doch das macht nichts, denn wenn Sie eine eigene Ausstellung kreieren möchten, müssen Sie ja nicht unbedingt unsere Bilder von Goldgräbern, Donald Trump und der Arche Noah wählen, sondern *ähnliche* – wovon es viele gibt. (Das wäre dann so, als ob auf der Welt gleichzeitig 100 Ausstellungen impressionistischer Malerei stattfinden sollten – kein Problem: impressionistische Bilder existieren genug.)

Zu den meisten Museumsausstellungen gibt es ein Rahmenprogramm in Form von Lesungen, Vorträgen, Podiumsdiskussionen, Dokumentarfilmen etc. So auch zu unserer Öko-Ausstellung. Im zweiten Teil des vorliegenden Buches wird Ihnen ein zehnteiliges Seminar angeboten, das Sie ganz oder teilweise besuchen können und in dem zahlreiche Themen der Ausstellung von Expert*innen reflektiert werden. In der Tat haben wir für unser Seminar sehr bekannte und renommierte Personen als „Lehrbeauftragte" gewinnen können. Der Terra X-Moderator Harald Lesch erklärt uns, wie sich die Menschheit abschafft, während die US-Kongressabgeordnete Alexandria Ocasio-Cortez den Green New Deal vorschlägt, mit dem die Welt vielleicht doch noch zu retten ist. Der Historiker und Bestseller-Autor Yuval Noah Harari zeichnet die

Entwicklung der Menschheit hin zum Homo deus auf, unterstützt durch die Warnung der Chemie-Nobelpreisträgerin Jennifer Doudna vor dem gefährlichen Missbrauch der von ihr erfundenen CRISPR-Technologie. Schließlich appelliert der Philosoph Andreas Weber daran, dass wir sehr viel von indigenen Völkern lernen können, um ein gesundes Verhältnis zur Natur zu finden, und die Transformationsforscherin Maja Göpel ermutigt uns, die Welt neu zu denken. *Nun, Sie ahnen es bereits, dass unsere „Lehrbeauftragten" nicht live da sind, sondern dass wir im Seminar lediglich die im Internet verfügbaren Videos ihrer Vorträge bzw. Interviews abspielen. Die Hyperlinks stehen wieder in Kästen, die jetzt die „Vortragsbühne" darstellen. Ich selbst führe in alle Vorträge, Interviews und Dokumentarfilme ein, stelle sie in einen Zusammenhang mit den Themen (Lehrinhalten) der „Ausstellung" und gebe weitergehende Informationen und Buchempfehlungen.*

IM Sommersemester 2022 können Studierende der Chemie- und Biotechnologie an der Hochschule Darmstadt im Rahmen ihres Wahlpflichtprogramm auf Basis des vorliegenden Buches unsere Ausstellung „Vom Anthropozän ins Symbiozän" als ppt-Präsentation im Hörsaal besuchen. Die im Internet verfügbaren Materialien zum Begleitseminar schauen sie sich zuhause an, die Diskussionen darüber führen wir in einem Präsenzseminar, wobei den Teilnehmer*innen einzelne Seminarthemen zur Einführung und Gesprächsleitung zugewiesen werden. (Diese gewählte Lehr- und Lernform reiht sich in unsere durch die Corona-Zeit initiierten Bestrebungen ein, exzellente Filmmaterialen aus dem Internet in die Lehre zu integrieren [15].)

Teil I:
Ein virtuelles Museum

Begrüßung

HERZLICH willkommen in der Ausstellung „Vom Anthropozän ins Symbiozän"!

Im Eingangsbereich unseres Museums hängt ein einziges Bild, und zwar ein Gemälde des bekannten spanischen Malers Francisco José de Goya (1746-1828). Warum haben wir gerade dieses als Begrüßungs- und damit als Leitbild der Ausstellung gewählt? Dargestellt ist ein *Duell mit Knüppeln*. Eine meiner Studentinnen, die aus Spanien kommt, sagte mir, dass das Bild in einem ihrer Schulbücher abgedruckt war, um im Unterricht die ständigen Rivalitäten zwischen verschiedenen Volksgruppen auf der iberischen Halbinsel seit der Zeit nach Napoleon bis heute zu thematisieren. Vor einem düsteren Hintergrund prügeln sich zwei Männer. Das sieht man auf den ersten Blick. Wenn man das Bild etwas länger betrachtet, nimmt man noch etwas anderes wahr. Die beiden Kämpfenden stecken nämlich bereits bis zu den Knien im Untergrund, vermutlich Schlamm oder Treibsand. Und in ihrem Hass und Zorn merken sie gar nicht, dass sie immer mehr versinken, je heftiger sie aufeinander einschlagen. Beim Beobachter kommt das bange Gefühl auf, dass letztlich beide Männer von der Erde verschlungen werden.

https://www.kunstkopie.de/kunst/francisco_jose_de_goya/duel.jpg

Begrüßungsbild: Duell mit Knüppeln … und die Natur ist der dritte Akteur. (Francisco José de Goya)

Für den französischen Philosophen Michel Serres (1930-2019) ist Goyas Bild eine Allegorie des Denkens im Anthropozän – und damit sind wir beim Thema unserer Ausstellung: Beim Kampf (Krieg) um Land und Rohstoffe merken die Menschen gar nicht, dass die Erde mitstreitet; denn sobald das Land unfruchtbar geworden ist und die mengenmäßig limitierten Rohstoffe verbraucht sind, droht der Menschheit das Ende. Serres schlägt deshalb vor, einen *Naturvertrag* zu schließen [16].

Um diesem Begriff zu verstehen, müssen wir etwas weiter ausholen und beim englischen Staatstheoretiker und Philosophen Thomas Hobbes (1588-1679) beginnen. Dieser hat zwei berühmte Sätze formuliert: Im Naturzustand herrscht ein „Krieg aller gegen alle" und „Der Mensch ist dem Menschen ein Wolf". Um nun ständiges Hauen und Stechen, Mord und Totschlag zu vermeiden, schlug Hobbes einen *Gesellschaftsvertrag* vor. Der wurde im Laufe der Geschichte nie als solcher schriftlich formuliert und unterschrieben, meint aber – und das ist für das Verhältnis von Mensch und Natur wichtig –, dass Besitzverhältnisse geregelt werden müssen: Dem einen gehört dieses Stück Land, dem anderen jenes. Wenn unter dem einen Boden Erdöl lagert, darf es von seinem Landbesitzer abgepumpt, selbst genutzt oder verkauft werden; wenn auf dem anderen Land Gold vorkommt, kann der entsprechende Landlord damit reich werden. Die Besitzverhältnisse auf Basis des Gesellschaftsvertrags müssen bedingungslos akzeptiert werden und garantieren freien Handel und Frieden. – Selig werde, wer daran glaubt!

In dem Gesellschaftsvertrag geht es ausschließlich um die Beziehung der Menschen untereinander. Das Land und die dortigen Rohstoffe gehören den Menschen. Diese können damit machen, was sie wollen. Die Erde und alle *nicht*-menschlichen Lebewesen werden zu reinen Besitzobjekten abgestempelt. Das ist das Wesen des Anthropozäns – der Mensch steht über der Natur.

Goyas Bild zeigt etwas, das Hobbes nicht bedacht hatte, nämlich dass das, was die Menschen als ihre *Umwelt* bezeichnen, zu einem *Akteur* geworden ist. Immer mehr Menschen haben die Umwelt – langsam, aber sicher – immer mehr umgestaltet; sie haben in bestehende Ökosysteme eingegriffen, und zwar so stark, dass sie diese veränderten und weiterhin drastisch verändern. Ein Ackerboden, der Jahr für Jahr mit Pestiziden behandelt wird, ist irgendwann vergiftet. Ein Ozean, der immer mehr menschenverursachtes CO_2-Abgas aufnimmt, ist früher oder später versauert. In beiden Beispiel droht der Exitus eines Ökosystems – und damit der Menschen, die davon leben.

Serres Vorschlag überzeugt: In den bestehenden Gesellschaftsvertrag zwischen den Menschen muss die gesamte Ökosphäre partnerschaftlich eingebunden werden. Der Mensch muss sich als Teil der Natur verstehen und endlich damit aufhören, sich als ihr Besitzer und Beherrscher aufzuführen. Wenn der *Natur-*

vertrag erfüllt würde, hätten wir einen Zustand, der in der Biologie als Symbiose bezeichnet wird.

Wir werden im Laufe des Museumsbesuches und des begleitenden Seminars öfters auf diesen Gedanken zurückkommen. Das Zeitalter des Symbiozäns kann kommen; das liegt einzig und allein in der Hand der Menschheit. Ob es schnell genug kommt, um eine Apokalypse abzuwenden …?

Saal 1: Macht euch die Erde untertan

DER erste Saal unserer Ausstellung greift die in der Bibel stehende Forderung auf, dass der Mensch sich die Erde untertan machen solle – womit durchaus ein Ansatz für eine Religionskritik gegeben ist.

UNSER Blick fällt zunächst auf einen Cartoon (Bild 1.1), der die Evolution des Menschen zeigt: von links nach rechts der Hominide, des Erectus, der Sapiens … und dann ein deutlich übergewichtiger Zeitgenosse, der mit einer Keule auf die Erdkugel einschlägt und sie schon kräftig demoliert hat. Ist der moderne Mensch eine Fehlentwicklung der Evolution?

https://cdn.pixabay.com/photo/2017/05/11/19/28/evolution-2305142_1280.jpg

Bild 1.1: Die kürzeste Geschichte der menschlichen Evolution.

WIR wenden unseren Blick auf das Foto eines Käfers (Bild 1.2). Der Sinn des Bildes erschließt sich uns, wenn wir nahe herantreten und die Unterschrift lesen können: „Jeder dumme Junge kann einen Käfer zertreten. Aber alle Professoren der Welt können keinen herstellen." Diesem Spruch von Arthur Schopenhauer (1788-1860) ist nichts hinzuzufügen.

https://de.wikipedia.org/wiki/K%C3%A4fer

Bild 1.2: „Jeder dumme Junge kann einen Käfer zertreten. Aber alle Professoren der Welt können keinen herstellen." (Arthur Schopenhauer)

DAS dritte Bild im ersten Ausstellungssaal stammt von Íris Lilja Jóhannsdóttir (Bild 1.3). Die Jugendliche hatte 2021 den Jugendpreis beim Fotowettbewerb „Climate Change PIX" der Europäischen Umweltagentur gewonnen. Das Foto zeigt einen jungen Menschen, der ein Eis schleckt. Das Besondere daran ist, dass die Eiskugel auf dem Hörnchen aussieht wie unsere Erde aus dem Weltall betrachtet (vgl. die „Blue Mumble" in Bild 13.1b). Die junge Fotografin hat ihr Werk „Süße Zerstörung" genannt und kommentiert: „Ich möchte den Menschen mit einer einfachen Analogie zeigen, was wir mit der Erde machen. Wir lecken die Erde und ihre süßen Ressourcen auf wie Eis. Lasst uns unsere süße und schöne Erde verantwortungsvoll genießen!"

https://www.umweltbundesamt.at/news210927-1

Bild 1.3: Süße Zerstörung. – Jugendpreis beim Fotowettbewerb „Climate Change PIX" der Europäischen Umweltagentur, 2021. (Íris Lilja Jóhannsdóttir)

Saal 2: Höher, schneller, weiter, mehr

GLEICH nach dem Betreten des zweiten Saals unserer Ausstellung stehen wir vor einem Gemälde von Lukas Cranach dem Älteren (1472-1553), das die Apfelszene im Paradies zeigt (Bild 2.1).

https://commons.wikimedia.org/wiki/File:Adam-und-Eva-1513.jpg

Bild 2.1: Die Gier nach mehr – Adam und Eva mit dem Apfel. (Lucas Cranach der Ältere)

Den beiden Menschen geht es eigentlich extrem gut – sie leben im Paradies! Sie haben alles, was sie für ein glückliches Leben benötigten; trotzdem sind sie nicht zufrieden und wollen mehr – hier den verbotenen Apfel. Der Wunsch – oder sagen wir lieber die *Gier* – nach mehr ist die Triebkraft eines auf ständiges Wachstum fixierten Wirtschaftssystems, das früher oder später an seine Grenzen stoßen und dann kollabieren wird. Adam und Eva ist ihre Gier zum Verhängnis geworden; diese biblische Geschichte sollte uns als Warnung dienen.

VON den ersten beiden Menschen wenden wir uns denen zu, die den Turm zu Babel gebaut haben (Bild 2.2). Pieter Bruegel der Ältere (1525/1530-1569) lehrt uns mit seinem berühmten Gemälde den *Wachstumswahnsinn*. Hoch, höher, am höchsten; ja bis in den Himmel sollte der gigantische Turm ragen, damit die Menschen Gott gleich werden. Doch auch diese Geschichte ist bekanntermaßen dumm gelaufen und endete mit der babylonischen Sprachverwirrung – eine Allegorie zum Chaos im digitalen Netz?

https://de.wikipedia.org/wiki/Turmbau_zu_Babel_%28Bruegel%29 #/media/File:Pieter_Bruegel_the_Elder_- _The_Tower_of_Babel_(Vienna)_-_Google_Art_Project_- _edited.jpg

Bild 2.2: Gigantismus – Turmbau zu Babel. (Pieter Bruegel der Ältere)

ÄHNLICH wie die Bauingenieure in Babel ist auch der Urvater der Bionik, Daedalos, gescheitert. Wir wenden uns dem Gemälde von Peter Paul Rubens (1577-1640) zu, das den Sturz des Ikaros schildert (Bild 2.3). Daedalos hatte sehr genau den Flug der Vögel analysiert und gedacht, dass der Mensch doch auch irgendwie fliegen können sollte. Nun, was gedacht wird, wird auch irgendwann wahr. So konstruierte der Ingenieur für sich und seinen Sohn Flügel, die er an ihre Körper klebte – und tatsächlich, das Fliegen klappte! Wie großartig war es, die Welt aus der luftigen Höhe zu betrachten. Doch der junge Ikaros hatte nicht bedacht, dass sein Fluggerät noch nicht ausgereift und dem Flug in größere Höhen nicht gewachsen war. So wurde er das Opfer seines Höhenrausches und der fehlenden *Technikfolgeabschätzung* seines Vaters.

https://de.wikipedia.org/wiki/Daidalos#/media/File:Rubens,_Peter_ Paul_-_The_Fall_of_Icarus.jpg

Bild 2.3: Fehlende Technikfolgeabschätzung – Daidalos und Ikaros. (Peter Paul Rubens)

Wird man der ersten touristischen Raumsonde, die beim Flug ins All scheitert, posthum dem Namen Ikaros geben?

Saal 3: Kopfbäume

WIR begeben uns in den dritten Saal unserer Ausstellung und sehen dort sogenannte Kopfbäume (Bilder 3.1a und b). Graphisch bzw. als Collage sind Seitenporträts von menschlichen Köpfen zu sehen, die anstelle eines Gehirns mit Baumkronen, mit oder ohne Blätter, gefüllt sind.

---

https://svgsilh.com/de/image/1769656.html
und
https://media.istockphoto.com/illustrations/human-head-chakra-powerful-inspiration-tree-abstract-thinking-inside-illustration-id1135130468

Bilder 3.1a und b: Kopfbäume – Alles ist mit allem vernetzt. Lebt der Baum, so lebt der Mensch; stirbt der Baum, so stirbt der Mensch.

Lassen Sie uns diese Bilder bitte im Sinne einer *Symbiose* interpretieren. Ein Baum stellt über die Fotosynthese den Sauerstoff zur Verfügung, den ein Mensch für seine aerobe Lebensweise benötigt. Besonders viel Sauerstoff verbraucht das menschliche Gehirn, von dem Bewegungen und Gedanken gesteuert werden. Jeder Mensch atmet Kohlenstoffdioxid aus, welches ein Baum wiederum für sein anaerobes Leben braucht. So sind Mensch und Baum voneinander abhängig. Lebt der Baum, so lebt auch der Mensch; stirbt der Baum, so stirbt auch der Mensch. Kopfbilder appellieren also daran, bloß keine Wälder unbedacht und aus kurzfristigen Profitgründen zu roden.

Saal 4: Dürsten nach Gerechtigkeit

2004 führte das Hilfswerk der evangelischen Kirche in Deutschland „Brot für die Welt" eine Aktion »Wasser ist Menschenrecht« durch, die dazu beigetragen hat, dass das *Das Recht auf Zugang zu sauberem Wasser* am 28.6.2010 von der Vollversammlung der Vereinten Nationen als ein Menschenrecht anerkannt wurde (vgl. Seminar 5) [17]. Der indische Theologe und Künstler Salomon Raj (geb. 1921) hatte für diese Aktion eine ca. 3 Meter hohe und

1,5 Meter breite Meditationsfahne geschaffen, die wir in unserer Ausstellung zeigen (Bild 4.1) (vgl. [18]).

http://www.solomon-raj.com/ausstell.htm

Bild 4.1: Dürsten nach Gerechtigkeit – Wasser ist Menschenrecht. (Solomon Raj)

Der Künstler interpretiert das Werk für uns. Durch die Batik zieht sich ein blaues Band von fließendem Wasser. Das Wasser des Lebens sprudelt aus einem Schöpfrad, das durch ein strahlendes Feuer aus Gottes Hand angetrieben wird. Ein Baum ist der augenfälligste Beweis der Schöpfungskraft. Er steht aber auf dem Kopf und wurzelt im Himmel. Ein Gleichnis – der Mensch, der Gott vertraut, ist wie ein Obstbaum, gepflanzt am Bach. Sein Leben bringt Frucht, und seine Seele verdorrt nicht. Im Bild gibt es ein schönes Blumenbeet mit Vögeln. Dort gelangt Wasser hin. Wo hingegen kein Wasser ist, erstickt Wüstensand das Grün; da verdorren die Bäume. Aus Fabriken – aus solchen von Firmen reicher Länder, die ihre umweltschädlichen Produktionen in die armen Länder verlagert haben – quellen Abgaswolken hervor, verdunkeln die Sonne, schädigen Luft, Wasser, Boden, Pflanzen, Tier und Mensch. Menschen flüchten. Jesus kümmert sich um eine Flüchtlingsfamilie und – an einer anderen Stelle – um einen gefesselten Mann. Ein Landflüchtling, der strafffällig geworden ist? Ein drittes Mal erscheint Jesus mitten im Wasser, mitten im Leben stehend, seine Botschaft verkündigend und im Kontakt mit dem Rad und der Quelle, wo das Wasser dem göttlichen Feuer entspringt.

Das Bild klagt den negativsten Aspekt der Globalisierung an, den *Neokolonialismus*, und den menschengemachten Klimawandel, der die soziale Ungerechtigkeit besonders verstärkt.

Wird es einen Dritten Weltkrieg geben? Wenn ja, wird er ums Wasser gehen.

Saal 5: Der schrecklichste der Schrecken

WAR Friedrich Schiller (1759-1805) (Bild 5.1) mit seinem »Lied von der Glocke« [19] ein früher Mahner? In seinem opus magnum der Gedichte beschreibt er die Ambivalenz des Menschen: dessen

Liebenswürdigkeit, Geschicklichkeit und intellektuellen Fähigkeiten, aber auch dessen Hochmut, Gefährlichkeit und enormes zerstörerisches Potenzial; kurz: das direkte Nebeneinanderliegen von Genialität und Wahnsinn. Zwei Passagen aus dem Gedicht des deutschen Dichterfürsten schmücken den fünften Saal unserer Ausstellung (Bild 5.2).

Zunächst geht es um das *Feuer*, das den Menschen, seit sie gelernt haben, es zu nutzen, im Vergleich zu allen anderen Lebewesen eine ungeheure Macht verliehen hat. Im »Lied von der Glocke« nutzen es die Menschen, im positiven Sinne, für den metallurgischen Bronzeguss. Dabei bedenken sie allerdings nicht, dass dieser endotherme Prozess Kohlenstoffdioxid freisetzt, welches die Erdatmosphäre erwärmt – mit der Folge von immer mehr Bränden, die kaum noch unter Kontrolle zu bringen sind. Die Natur produziert keine Bronze; hasst sie dieses Gebilde der Menschenhand – und rächt sie sich? Wird sie zum Akteur, wie in Goyas „Duell mit Knüppeln" (s. Begrüßungsbild)?

In der zweiten Passage geht es um den *schrecklichsten der Schrecken*, welcher der Mensch selbst ist, wenn er in seinem Wahn raubt (Land Grabbing), brandschatzt (Brandrodungen im tropischen Regenwald) oder mit starker künstlicher Intelligenz und CRISPR Cas den Übermenschen designt, um den aussterbenden Homo sapiens zu ersetzen.

https://www.friedrich-schiller-archiv.de/wp-content/uploads/2014/02/Schiller-Profil.jpg

Bild 5.1: Ein früher Mahner – Friedrich Schiller.

ODER wenn er auf die Idee kommt, Schwefelsäure-Aerosole in die Luft zu sprühen, um damit Kristallisationskeime für die Bildung von Wolken zu liefern, die dann wiederum Schatten spenden und eine weitere Erderwärmung stoppen oder vielleicht sogar umkehren? So ein *Geoengineering* wäre das Nachahmen eines natürlichen Phänomens aus dem Jahre 1883. Damals schleuderte der Vulkan Krakatau Unmengen Feinstaub in die Luft, der sich global in der Atmosphäre verteilte und gleichzeitig zu faszinierenden, wie angsteinflößenden Verdunkelungen sowie Reflexions- und Interferenzphänomenen des Lichtes sorgte. Auch in Norwegen. Dort malte Edvard Munch (1863-1944) einen vor einem gespenstig gefärbten Himmel schreienden Menschen (Bild 5.3) und nahm – gemäß einer Interpretation des Technikphilosophen Christopher Preston [20] – die Angst der Menschheit vor einem un-ontrollierbaren Geoengineering vorweg.

> *Wohltätig ist des Feuers Macht,*
> *Wenn sie der Mensch bezähmt, bewacht. []*
> *Doch furchtbar wird die Himmelskraft,*
> *Wenn sie der Fessel sich entrafft,*
> *Einhertritt auf der eignen Spur,*
> *Die freie Tochter der Natur.*
> *Wehe, wenn sie losgelassen,*
> *Wachsend ohne Widerstand*
> *Durch die volkbelebten Gassen*
> *Wälzt den ungeheuren Brand!*
> *Denn die Elemente hassen*
> *Das Gebild der Menschenhand.*
>
> --------------------
>
> *Gefährlich ist's, den Leu zu wecken,*
> *Und grimmig ist des Tigers Zahn;*
> *Jedoch der schrecklichste der Schrecken,*
> *Das ist der Mensch in seinem Wahn.*

Bild 5.2: Über das Feuer und des Menschen Wahn – Das Lied von der Glocke; Zeilen 155-156 und 159-168 sowie 379-382. (Friedrich Schiller)

https://de.wikipedia.org/wiki/Der_Schrei

Bild 5.3: Gespenstische Vulkanasche – Der Schrei. (Edvard Munch)

NEBEN Munchs Gemälde hängt in unserer Ausstellung das Foto eines Wasserspeiers an einer Kirche (Bild 5.4). Mit menschengemachtem schwefelsaurem Regen wurde diese Figur aus Kalkstein stark verätzt ($CaCO_3 + H_2SO_4 \rightarrow CaSO_4 + CO_2 + H_2O$). Was hat der Mensch dieser Kreatur angetan? Schreit sie ihren Schmerz und ihr Leid nicht geradezu heraus?

https://commons.wikimedia.org/wiki/File:-
_Acid_rain_damaged_gargoyle_-.jpg

Bild 5.4: Schrei des Leides – ein vom sauren Regen geschädigter Wasserspeier.

DER Chemiker und Philosoph Jens Soentgen (geb. 1967) schreibt über die »Ökologie der Angst« [21], Tiere seien gegenüber den Menschen nicht a priori scheu; ihre Furcht sei vielmehr erlernt. Wenn sie erleben, wie ein Mensch mit Feuer in Form einer Feuerwaffe, sprich einem Gewehr, kommt und trotz großer Entfernung in ihrer Mitte ein Wildschwein oder ein Reh erschießt, bleibt das bei den überlebenden Tieren eine andauernde schreckliche Erinnerung. Sie assoziieren mit jedem sich ihnen nähernden Menschen einen gefährlichen Feind, der nach ihrem Leben trachtet, sind deshalb in ständiger Angst, die wiederum ihr Verhalten bestimmt. Sie verstecken sich, treten nur noch in der Dämmerung oder Nacht auf eine Lichtung und prägen auf diese Weise ihre Umwelt, das Ökosystem, in dem sie leben. Und ihr vor Menschen ängstliches Verhalten bringen sie ihren Kindern bei. Jens Soentgen untermauert dieses Argument mit den Beobachtungen in Nationalparks, wo das Jagen verboten ist. Hier verlieren die Tiere allmählich wieder die Angst vor den Menschen, weil sie merken, dass ihnen davon keine Gefahr (mehr) droht. Sie verändern ihren Tagesablauf und damit ihr Ökosystem.

Angstverminderung ist eine Voraussetzung, um ins Zeitalter des Symbiozäns zu gelangen.

ALS schrecklichster der Schrecken kommt der Mensch auch oft daher, wenn er andere Länder kolonialisiert. Wenn er vorgibt, der Bevölkerung in den seiner Meinung nach unterentwickelten Gebieten der Erde eine gesicherte Ernährung, medizinische Versorgung, Bildung und Wohlstand zu bringen, dabei aber primär an den dortigen wertvollen Rohstoffen interessiert ist. Die Gräuel der schonungslosen Ausbeutung von Menschen und Natur im Kolonialismus des neunzehnten und zwanzigsten Jahrhunderts und seiner modernen Formen sind hinreichend bekannt.

In unserer Ausstellung verdeutlichen dies zwei Karikaturen. Die eine (Bild 5.5a) zeigt, wie ein englischer und ein französischer General am Tisch sitzend einen Globus gierig mit Messer und Gabel zerlegen und die „Beute" unter sich aufteilen. Auf dem

zweiten Bild (Bild 5.5b) steht ein bewaffneter Kolonialherr breit-
beinig über dem afrikanische Kontinent und feiert diesen mit
großem Stolz als seinen Besitz.

https://www.qiio.de/wp-
content/uploads/2021/10/Caricature_gillray_plumpudding-
e1635346658872.jpeg
und
https://www.ub.uni-
koeln.de/live/usb/content/e7902/e8671/e12307/images12308/pun
ch_rhodes_colossus_1080_ger.jpg

Bilder 5.5a und b: Kolonialismus – die Aufteilung der Welt unter
den reichen Nationen.

Neben den beiden Kolonialismus-Bildern ist ein Gedicht des
kanerunischen Schriststellers René Philombé (1930-2001) abgedruckt, dem nichts mehr hinzuzufügen ist.

Zivilisation

Sie fanden mich im wohligen Dämmer meiner Bambushütte.
Sie fanden mich in Baumrinde und Tierfelle gekleidet.
Mit meinen Palavern, mit meinem sturzbachgleichen Lachen,
mit meinem Tam-Tam, meinen Gris-Gris und meinen Göttern.

Barmherziger!... Ist der primitiv!... Zivilisieren wir ihn!...

Also wuschen sie mir den Kopf mit ihren geschwätzigen Büchern
und putzten mich heraus mit ihren eigenen Gris-Gris.
Impften mir in mein Blut den Geiz, den Alkohol,
die Prostitution, den Inzest, die Brudermörder-Politik.

Hurraaa… endlich geschafft – ein zivilisierter Herr.

Bild 5.6: Kolonialismus – wenn der Mensch der schrecklichste der
Schrecken wird. (René Philombé, Dichter aus Kamerun)

Saal 6: Die Weisheit des Homo sapiens

BEI der Auswahl und Zusammenstellung der Fotos im sechsten Saal unsere Ausstellung haben wir uns nicht sonderlich viel Mühe gegeben, denn sehr ähnliche Fotos sieht man heute täglich in der Zeitung, im Fernsehen, im Internet …:

- Eine apokalyptische Landschaft in einem Ölsand-Abbaugebiet (Bild 6.1),
- Plastikmüll im Meer und am Strand (Bild 6.2),
- eine im Smog erstickende Großstadt (Bild 6.3),
- einen von saurem Regen verätzten Wald (Bild 6.4),
- ein von Wilderern erschossenes Nashorn, dem das Horn abgesägt wurde (Bild 6.5),
- einen Eisbären, der auf einer schmelzenden Eisscholle im Nordmeer treibt (Bild 6.6),
- gebleichte Korallen (Bild 6.7),
- eine durch das Auftauen des Permafrost-Bodens zusammengestürzte Landschaft (Bild 6.8)
- einen brennenden Wald (Bild 6.9),
- ein Tornado, der über das Land fegt (Bild 6.10),
- eine überschwemmte Landschaft (Bild 6.11),
- Menschen, die Bäume manuell bestäuben, weil die Bienen ausgestorben sind (Bild 6.12),
- ein zerstörtes Atomkraftwerk (Bild 6.13),
- das aus dem Weltall betrachtete Bild einer gigantischen Stadtlandschaft bei Nacht, das die Lichtverschmutzung der Erde verdeutlicht (Bild 6.14),
- …

https://www.planet-wissen.de/technik/energie/erdoel/oeloelsanddpagjpg100~_v-gseapremiumxl.jpg

Bild 6.1: Landschaftszerstörung durch Ölsandabbau (in Kanada).

https://www.umwelt-im-unterricht.de/fileadmin/user_upload/2018_TdW_KW_24/bilderserie/tdw_plastikmuell_strand.jpg

Bild 6.2: Zunehmende Umweltverschmutzung – Plastikmüll am Strand und im Meer.

https://commons.wikimedia.org/wiki/File:Haze_in_Kuala_Lumpur.jpg

Bild 6.3: Immer mehr Autoverkehr – immer mehr Smog.

https://upload.wikimedia.org/wikipedia/commons/thumb/6/6e/Waldschaeden_Erzgebirge_3.jpg/330px-Waldschaeden_Erzgebirge_3.jpg

Bild 6.4: Waldschäden durch sauren Regen.

https://www.gettyimages.de/fotos/wilderei

Bild 6.5: Artensterben durch Wilderei.

https://www.svz.de/img/panorama/crop23802102/0500596253-cv1_1-w1100/foto-imago-images-robertharding-201905130908-full-1.jpg

Bild 6.6: Eisschmelze – bedrohter Eisbär.

https://imgl.krone.at/scaled/738166/ve5d434/full.jpg

Bild 6.7: Erwärmung und Versauerung der Ozeane – Korallenbleiche.

https://static.dw.com/image/54475098_403.jpg

Bild 6.8: Wenn der Permafrost auftaut … – Batagaika Krater.

https://de.wikipedia.org/wiki/Waldbrand#/media/File:Waldbrand.jpg

Bild 6.9: Waldbrand – eine zunehmende Gefahr der Erderwärmung.

https://upload.wikimedia.org/wikipedia/commons/thumb/9/98/F5_tornado_Elie_Manitoba_2007.jpg/330px-F5_tornado_Elie_Manitoba_2007.jpg

Bild 6.10: Zunahme von Extremwetterereignissen – ein Tornado.

https://m.faz.net/media1/ppmedia/aktuell/2986322958/1.7438573/mmobject-still_full/die-mit-einer-drohne.jpg

Bild 6.11: Überflutung von Ahrweiler.

https://encrypted-tbn0.gstatic.com/images?q=tbn:ANd9GcQBlQnvd89tOaRaPlDlalyl_OZYXxmqgfmNzg&usqp=CAU
und
https://i.ytimg.com/vi/cah2nyezOyU/maxresdefault.jpg

Bild 6.12: Wenn die Bienen aufgrund von übermäßigem Insektizid-Einsatz ausgestorben sind, werden die Menschen (hier in Sichuan, China) zu Bienen und bestäuben ihre Obstbäume manuell.

https://de.wikipedia.org/wiki/Nuklearkatastrophe_von_Tschernobyl

Bild 6.13: Atomarer Super-GAU – Tschernobyl.

https://upload.wikimedia.org/wikipedia/commons/thumb/9/95/Megalopolis.png/330px-Megalopolis.png

Bild 6.14: Lichtverschmutzung – aus dem Weltall sichtbare große Stadtlandschaften bei Nacht.

Die Bilder dokumentieren die Folgen des Klimawandels, der längst zu einer *Klimakatastrophe* geworden ist. Und da dieses Phänomen eindeutig menschengemacht ist, stellt sich unwillkürlich die Frage, ob der Homo sapiens wirklich weise ist?

Wir hätten noch das Bild eines verdursteten Tieres aufgrund einer Grundwasserabsenkung oder einen Lawinenabgang wegen einer Eisschmelze oder … hinzufügen können. Haben wir uns an diese Bilder nicht längst gewöhnt? Können wir nicht jedes Bild beliebig austauschen? Das Ölsand-Abbaugebiet gegen ein Fracking-Feld oder einen Kohle-Tagebau? Den Waldbrand in Kalifornien gegen den in Australien? Das gewilderte Nashorn gegen einen gewilderten Elefanten oder Tiger? Hurrikan Kathrina (2005) gegen Hurrikan Ida (2021)? Das überflutete Ahrweiler gegen Berchtesgaden oder ein überschwemmtes Gebiet in Bangladesch? Tschernobyl (1996) gegen Fukushima (2011)? Sind wir nicht bereits sprichwörtlich mit diesen Bildern überflutet? *Gibt es so etwas wie die Banalität der Klimakatastrophen-Fotos?*

Saal 7: Die Rache der Kühe

DER Philosoph Peter Singer (geb. 1946) hat drei Grundübel der Menschheit benannt: den Rassismus, den Sexismus und den *Speziezismus*. Um das letzte geht es im siebten Saal unserer Ausstellung (vgl. Seminar 6). Hier sehen wir ein Foto von der Massentierhaltung: Kühe stehen in einem Rondel, wo ihre Milch abgesaugt wird (Bild 7.1).

https://www.cleanenergy-project.de/wp-content/uploads/2019/11/Milchkuehe_logo.jpg

Bild 7.1: Speziezismus – Kühe in der Massentierhaltung

Der Mensch hält sich für etwas Besseres als die Tiere und maßt sich deshalb an, sie nach seinem Belieben auszunutzen. Doch die auf dem Foto gezeigten, gewiss nicht artgerecht gehaltenen Kühe rächen sich. Auf zweierlei Weise. Erstens produzieren sie so viel Gülle, dass die Bauern nicht mehr wissen, wohin damit, und sie deshalb im Übermaß auf ihre Felder kippen. Doch die Überdüngung der Böden führt zur Kontamination des Grundwassers und schließlich des Trinkwassers, womit der

Mensch sich selbst vergiftet. Zweitens rülpsen die Rinder Methan, ein viel effektiveres Treibhausgas als Kohlenstoffdioxid, aus, heizen die Erdatmosphäre damit kräftig auf und treiben die Menschen in den Hitzetod. Ausbrechen können die Tiere aus ihrer Gefangenschaft nicht, aber sie sind clever genug, um sich auf ihre Weise zu „bedanken".

DIREKT neben dem Bild von der Massentierhaltung ist ein Foto von einem veganen Gericht aufgehängt (Bild 7.2). Es provoziert die Frage, ob *Veganer* die besseren Menschen sind?

https://radieschen.com/wp-content/uploads/2020/02/radieschen-gallery-02.jpg

Bild 7.2: Ein vegetarisches Gericht. Sind Veganer die besseren Menschen?

Saal 8: Ecce Homo

DER Filmregisseur Wim Wenders (geb. 1945) erzählt, dass es ihm bei seinem ersten Betrachten des Schwarz-Weiß-Fotos einer erblindetet Frau (Bild 8.1), das der brasilianische Fotograf Sebastião Salgado (geb. 1944) (Bild 8.2) gemacht hat, sofort klar war, dass er über diesen großartigen Fotografen einen Dokumentarfilm drehen musste. Wenders wählte dafür als Titel den bekannten Ausspruch von Jesus, der die Menschen »Das Salz der Erde« nannte (Bild 8.3). Der Film drückt die große Liebe Salgados zu den Menschen – gerade den armen, ausgebeuteten und notleidenden – aus.

https://www.saarbruecker-zeitung.de/imgs/03/5/6/7/7/5/7/4/3/tok_587ec7ac5582b96c014d83cba81cf6eb/w1900_h2088_x1005_y797_SZ_56728471_1284221443_RGB_190_1_1_cb9dfe09c01ab3a6ecd02a3539f046c5_1560868320_1284221443_099d346d65-9b914f6b304127d7.jpg

Bild 8.1: Ecce Homo – das Leid einer blinden Frau. (Sebastião Salgado)

<pre>
https://www.oebib.de/fileadmin/redaktion/0_news/0_1_meldungen/
2019_1/06_sebastiao_salgado_c_yann_arthus-bertrand.jpg
</pre>

Bild 8.2: Sebastião Salgado, der Fotograf der Menschlichkeit.

<pre>
https://www.youtube.com/watch?v=N8FBmtLIKhY
</pre>

Bild 8.3: Trailer zum Dokumentarfilm über Sebastião Salgado, »Das Salz der Erde«, von Wim Wenders und Juliano Ribeiro Salgado, Decia Films, 2014.

Im achten Saal unserer Ausstellung haben wir neben dem Portrait von Saldado und der von ihm fotografierten blinden Frau vier Fotoalben ausgelegt, die (online) durchgeblättert werden können (Büchertisch) und vier besonders eindrucksvolle Fotografien daraus präsentiert:

- *Gold* (Bilder 8.4a und 8.4b). Es ist die Armut, die 50.000 Menschen dazu treibt, unter großen Mühen und Gefahren mehrmals am Tag in eine 200 Meter tiefe brasilianische Goldmine zu steigen, dort nach dem begehrten Edelmetall zu schürfen, das gesammelte Material in Säcke zu packen und nach oben zu tragen, dann das Gold mit Quecksilber unter Amalgambildung aus der Gangart herauszuwaschen, abschließend das Quecksilber zu verdampfen und auf diese Weise Rohgold zu gewinnen, aber gleichzeitig dabei sich und die Umwelt mit Quecksilber zu vergiften.
- *Kuwait* (Bild 8.5). Das schmutzige Gesicht des Erdöls – Salgado zeigt uns einen Feuerwehrmann, der (vergeblich?) gegen ein brennendes Ölfeld ankämpft.
- *Exodus* (Bild 8.6). Von Klimawandel betroffen sind vor allem die ärmeren Länder. Wenn das Land dort immer weiter austrocknet und schließlich zur Wüste wird, was bleibt den Menschen dann anderes übrig, als auszuwandern? Salgado hat das Elend in einem Flüchtlingscamp fotografisch festgehalten.

https://img.zeit.de/wirtschaft/2019-08/sebastiao-salgado-fotograf-gold-brasilien-fs-bilder/sebastiao-salgado-fotograf-gold-brasilien-fs-01.jpg/imagegroup/original__414x620__mobile__scale_2
und
https://www.stuttgarter-zeitung.de/media.media.6205d6ee-a00c-4ed8-b813-72e1f12ec8bc.original1024.jpg

Bilder 8.4a und 8.4b: Höllenkreis des Goldes. (Sebastião Salgado)

https://www.handelsblatt.com/images/sebastio-salgado-kuwait/25151408/3-format2020.jpg

Bild 8.5: Feuerwehrmann an einer brennenden Ölquelle in Kuwait. (Sebastião Salgado)

https://cdn.prod.www.spiegel.de/images/6ac43ae9-0001-0004-0000-000001016248_w1200_r1_fpx33.35_fpy49.97.jpg

Bild 8.6: Exodus. (Sebastião Salgado)

S. Salgado: **Genesis**. – Taschen Verlag, Köln 2013. – Fotos:
https://www.taschen.com/pages/de/catalogue/photography/all/05767/facts.sebastio_salgado_genesis.htm

S. Salgado: **Exodus**. – Taschen Verlag, Köln 2016. – Fotos:
https://www.taschen.com/pages/de/catalogue/photography/all/05315/facts.sebastio_salgado_exodus.htm#images_gallery-9

S. Saldago: **Gold**. – Taschen Verlag, Köln 2019. – Fotos:
https://www.taschen.com/pages/de/catalogue/photography/all/05348/facts.sebastio_salgado_gold.htm#images_gallery-1

S. Saldago: **Kuwait**. – Taschen Verlag, Köln 2016. – Fotos:
https://www.amazon.de/Fo-Sebastiao-Salgado-Kuwait-Espagnol-Portugais/dp/3836561263/ref=sr_1_5?dchild=1&hvadid=80195660979232&hvbmt=be&hvdev=c&hvqmt=e&keywords=sebastiao+salgado+kuwait&qid=1597143406&sr=8-5&tag=hyddemsn-21

Büchertisch: Vier Bildbände von Sebastião Salgado, die online durchgeblättert werden können.

Jedes von Salgados Porträtbildern könnte man mit „Ecce Homo" betiteln, weil es gleichzeitig Leid *und* Menschenwürde zeigt. Salgado will den Menschen Hoffnung machen. Deshalb hat er ein Großprojekt zur Renaturierung des Urwalds in seinem Heimatort gestartet, erfolgreich zu Ende geführt und die Wiederbelebung der Natur über die Jahre fotografisch dokumentiert. Der Titel des Bildbandes könnte nicht passender sein: „Genesis" (siehe Büchertisch). Alle Fotos sind schwarz/weiß. Dadurch gelingt es Salgado besonders eindrucksvoll, die Schönheit und Einzigartigkeit unserer Erde, aber auch ihre Zerbrechlichkeit zu zeigen und wie schützenswert sie ist.

2019 erhielt Sebastião Salgado den Friedenspreis des Deutschen Buchhandels. Er sollte auch noch den Friedensnobelpreis bekommen!

Saal 9: Great!

Wenn Sie das Wort „Great" über dem Eingang zu unserem neunten Ausstellungssaal lesen, können Sie wohl ahnen, was Sie erwartet: Eine Karikatur vom Klimawandel-Leugner Donald Trump. Hier, wie er die Erderwärmung für unmöglich erklärt, weil Amerikas großartige Unternehmen so viele, viele wunderbare Klimaanlagen und Kühlschränke herstellen (Bild 9.1).

https://www.faz.net/aktuell/feuilleton/greser-lenz-gesammelte-werke-2017-15968919/karikatur-greser-und-lenz-15048583.html

Bild 9.1: Great! Trump rettet das Weltklima im Alleingang. (A. Greser, H. Lenz: Frankfurter Allgemeine Zeitung, Nr. 129, 6.6.2017, S. 4)

Ergänzend zur Trump-Karikatur der FAZ-Zeichner Greser & Lenz haben wir einige Cartoons aus der Sammlung der Zürcher Watson c/o FixxPunkt AG in unsere Ausstellung aufgenommen (Bilder 9.2).

Ein Bild zeigt, wie drei Wellen nacheinander auf die Menschheit zurollen. Ein kleine, die als „Covid 19" betitelt ist, eine etwas größere, die „Wirtschaftsregression" heißt, und eine dritte – eine wahrhaftige Tsunamiwelle – mit dem Namen „Klimawandel". Konnte bzw. kann die Menschheit in der Corona-Zeit zusammenstehen und eine effektive globale Krisenbewältigung üben und sich dadurch für den Kampf gegen die viel größere Klimakrise fit machen und motivieren? Oder ist sie nach Corona dermaßen erschöpft, zerstritten und genervt, dass sie zu den viel größeren Anstrengungen, die zur Begrenzung der Erderwärmung erforderlich sind, gar nicht mehr fähig oder auch nur bereit ist? Was meinen Sie, verehrte Ausstellungsbesucher*innen?

Verabschiedet werden wir aus unserem Karikaturen-und-Cartoons-Saal mit der Weisheit des Homer Simpson: Bart klagt über die Hitze und dass dies wohl der *wärmste* Tag in seinem Leben sei; doch sein Vater tröstet ihn, dass dieser Tag gewiss der *kälteste* in seinem restlichen Leben gewesen sein werde.

https://www.watson.ch/international/leben/301382636-diese-bilder-und-karikaturen-zum-klimawandel-treffen-voll-ins-schwarze

Bilder 9.2: 27 Karikaturen, die unsere Klimakrise auf den Punkt bringen. (Watson c/o FixxPunkt AG)

Saal 10: Die Torte der Wahrheit

NACH Homer Simpsons Weisheit noch eine andere Wahrheit, die uns im zehnten Ausstellungssaal vermittelt wird. Es geht ums Geld, genauer gesagt um die Frage, was uns deutlich mehr kostet: Klimapolitik zu betreiben oder keine Klimapolitik zu betreiben? Lassen wir die „Torte der Wahrheit" – so ist das zu betrachtende Tortendiagramm tituliert – antworten (Bild 10.1).

https://pbs.twimg.com/media/E4KmwKwWYAAPaDB?format=jpg&name=900x900

Bild 10.1: Die Torte der Wahrheit – Was kostet die Klimapolitik, und was kostet keine Klimapolitik?

Saal 11: Wer wird überleben?

DIE Arche Noah ist *das* Symbol für die Rettung vor der Apokalypse in Form der Sintflut. Im elften Saal unserer Ausstellung stehen Sie, liebe Besucher*innen, vor dem Bild einer Arche (Bild 11.1). (Wir haben das Foto einer Spielzeugarche gewählt.) Nun stellen Sie sich bitte vor, Sie seinen Noah, der Platz in der Arche wäre limitiert und Sie müssten entscheiden, welche Tierpaare reingelassen werden. Diese Frage stellt Lothar Frenz in seinem Buch »Wer wird überleben?« [9] (Vgl. Seminar 9.) Entscheiden Sie sich für besonders charismatische Tiere wie den Panda oder den Koala? Oder eher für Leittiere wie den Wolf oder den Hai? Wie halten Sie es mit einem Blutegel oder Bandwurm? Oder nehmen Sie einen Tiefkühlschrank mit auf die Arche, in dem Sie platzsparend Stammzellen aller Tiere kryokonservieren, die zur gegebenen Zeit in einer neuen und besseren Welt aufgetaut werden und sich weiterentwickeln können?

https://de.wikipedia.org/wiki/Arche_Noah#/media/Datei:101Bibelm useum_(4).jpg

Bild 11.1: Wer wird überleben und darf in die Arche? – Arche Noah als Spielzeug im Bibelmuseum **Bibliorama** in Stuttgart.

Wie kann man das Artensterben verhindern? Kommen wir dazu noch einmal zu dem im Saal 9 (Bild 9.2) diskutierten Vergleich zwischen der Corona- und der Klimakrise zurück. Ein Cartoon (Bild 11.2) gibt eine Antwort: In einer langen Schlange im linken Teil des Bildes gehen alte, vorerkrankte Menschen zur Corona-Impfung, um die Covid 19-Pandemie zu überleben; in einer ebenso langen Schlange rechts im Bild gehen alte, ge-schädigte Bäume zur Klimawandel-Impfung, um die Pandemie des Waldsterbens zu überstehen.

http://www.maryleonie.de/tag/waldsterben/

Bild 11.2: Pandemie Waldsterben – Die Impfung der Bäume.

Es ist gewiss eine Meisterleistung der modernen Naturwissen-schaften und der Medizin, wie schnell wirksame Impfstoffe gegen das gefährliche und nicht selten tödliche Corona-Virus entwickelt worden sind. Trotzdem gibt es zahlreiche Impfgegner, die der Wissenschaft misstrauen, und Menschen, die die Gefahr des Virus herunterspielen. Beim Klimawandel ist es ähnlich. Es gibt viele Trumps, die die Erderwärmung für *nicht*-menschengemacht halten oder gar ganz leugnen (vgl. Seminar 8).

In ihrem Buch »Die kleinste gemeinsame Wirklichkeit – Wahr, falsch, plausible? – Die größten Streitfragen wissenschaft-lich geprüft« [22] äußert die renommierte Wissenschaftskommunikatorin Mai Thi Nguyen-Kim ihre Sorge über den momentanen Umgang unserer Gesellschaft mit einem „Blob" aus Wahrheit, Lügen, Fakten, Ideologien, Fake News und Verschwörungstheorien und dass „jede Krise, sei es eine Pandemie oder der Klimawandel, durch eine solche Informationskrise um ein Vielfaches verstärkt wird." (Vgl. Seminar 1.) Aber sie hat bereits einen Impfstoff gegen Desinformation (Bild 11.3): Wissenschaftliche Allgemeinbildung!

Eindringlicher kann man die Forderung nach mehr und besserem naturwissenschaftlichen Schulunterricht, interdiziplinären und ökologisch orientierten Studiengängen und exzellentem Wissenschaftsjournalismus kaum begründen.

> *Wissenschaftliche Allgemeinbildung ist*
> *ein Impfstoff gegen Desinformation.*

Bild 11.3: Mai Thi Nguyen Kim über die Bildungs- und Informationskrise [22].

Saal 12: Die große Beschleunigung

IM zwölften Saal unserer Ausstellung kommen wir zu wissenschaftlichen Bildern, welche die Veränderungen der Weltbevölkerung, der Nahrungsmittelproduktion, des Ressourcenverbrauchs, des Müllaufkommens, der Luftverschmutzung und des Klimas in der Vergangenheit beschreiben und zukünftige Entwicklungen prognostizieren.

WEGWEISEND war die Abbildung des Standardlaufs des Weltmodells, das Dennis Meadows (geb. 1942) und sein Team 1972 in »Die Grenzen des Wachstums« [1] publiziert haben (Bild 12.1, vgl. Seminar 4). Weist nicht insbesondere der Kurvenverlauf der Weltbevölkerung verblüffende Ähnlichkeit mit der typischen Populationsdynamik in der Biologie (Bild 12.2) auf?

Machen wir dazu, verehrte Museumsbesucher*innen, ein (Gedanken)Experiment. Setzen Sie bitte in einer Petrischale eine Bakterienkultur an. Zunächst dauert es eine Zeit, in der sich die Impfbakterien an das Nährmedium gewöhnen müssen. Schaffen Sie das nicht, sterben sie. Schaffen Sie es, so vermehren sie sich, exponentiell. Das bakterielle Wachstum geht weiter, bis der Rand der Petrischale erreicht ist, der eine *Systemgrenze* darstellt – eine *Grenze des Wachstums*. Dann sterben die Bakterien. Vielleicht alle. Vielleicht finden aber auch ein paar eine ökologische Nische und können eine neue Population gründen. Nun vergleichen Sie diese Populationsdynamik bitte erneut mit der 50 Jahre alten Graphik von Meadows et al. Muss die Menschheit dem Gesetz der Biologie folgend nicht geradezu sterben, wenn sie zu groß wird, die für ihr Leben erforderlichen Ressourcen verbraucht und ihren Lebensraum total kontaminiert hat? Welche ökologischen Nischen werden die Menschen dann finden?

https://de.wikipedia.org/wiki/Die_Grenzen_des_Wachstums#/media/Datei:Meadows_ltg_page124_fig35_world_model_standard.svg

Bild 12.1: Die Grenzen des Wachstums – Standardlauf des Weltmodells von 1972.

https://commons.wikimedia.org/wiki/File:AllgPop.jpg

Bild 12.2: Typische Populationsdynamik in der (Mikro)Biologie – verblüffend ähnlich dem Standardlauf des Weltmodells von 1972 (siehe Bild 12.1).

GENAUSO bedeutend wie das errechnete Weltmodell von 1972 ist das Langzeitexperiment, dass Charles David Keeling (1928-2005) im Jahre 1958 startete. Seit dieser Zeit wird täglich in der Wetterstation auf dem Mauna Loa, Hawaii, die CO_2-Konzentration in der Luft gemessen. Die Keeling-Kurve (Bild 12.3) ist besorgniserregend und faszinierend zugleich. Besorgniserregend, weil sie einen leicht exponentiellen Anstieg der Konzentration des Treibhausgases über die letzten mehr als 60 Jahre beweist, der mit der mittleren globalen Temperaturerhöhung über diesen Zeitraum stark korreliert. Faszinierend, weil sie das Atmen der Biosphäre unseres Planeten Erde verdeutlicht. Über jedes Jahr weist die CO_2-Konzentration eine sinusförmige Schwankung auf. Wenn auf der Nordhalbkugel, wo es deutlich mehr Landfläche gibt als auf der Südhalbkugel, im Frühjahr die Blätter der Laubbäume sprießen und mit zunehmender Sonnenstrahlung die Fotosynthese zur Hochform aufläuft, wird der Atmosphäre Kohlenstoffdioxid entzogen ($6\ CO_2 + 6\ H_2O \rightarrow C_6H_{12}O_6 + 6\ O_2$). Wenn dann aber im Herbst mit nachlassendem Sonnenschein die Blätter abgeworfen werden und in der Folgezeit vermodern, steigt der CO_2-Gehalt in der Atmosphäre wieder. Bis der Zyklus im nächsten Frühjahr von Neuem beginnt.

https://de.wikipedia.org/wiki/Keeling-Kurve

Bild 12.3: Keeling-Kurve.

MICHAEL E. Mann (geb. 1965) und seine Mitarbeiter waren die nächsten Forscher, die mit ihrem „Hockeyschläger-Diagramm" für Furore sorgten, das natürlich auch in unserer Ausstellung gezeigt wird (Bild 12.4). Im Wesentlichen auf Basis von Baumringanalysen zeigt das Diagramm, dass die Erdtemperatur in den letzten 1000 Jahren – von kurzzeitigen Schwankungen abgesehen – recht konstant war, aber seit Beginn des 20. Jahrhunderts deutlich und nach dem Zweiten Weltkrieg noch mehr angestiegen ist.

https://de.wikipedia.org/wiki/Hockeyschl%C3%A4ger-Diagramm

Bild 12.4: Hockeyschläger-Diagramm.

Die Visualisierung der Messdaten ist in dem Diagramm besonders gut gelungen. Der steile Anstieg der Kurve in der nahen Vergangenheit, dazu noch mit der Farbe Rot markiert, signalisiert große Gefahr: Die Temperatur steigt und steigt; es droht der globale Hitzetod.

Ähnliche Hockeyschläger-Kurven gibt es für die zeitliche Veränderung der Welt- und Stadtbevölkerung, des Bruttoinlandproduktes, des Energie- und Wasserverbrauchs, des Müllaufkommens, der Konzentrationen von Kohlenstoffdioxid, Stickstoffoxiden und Methan in der Erdatmosphäre, der Versauerung der Ozeane, des Verlustes an tropischem Regenwald und Artenvielfalt ... (Bild 12.5).

Wir leben im Zeitalter der großen Beschleunigung und brauchen dringend eine Entschleunigung unseres hektischen alltäglichen Lebens, das unsere Umwelt und uns selbst zerstört.

https://www.researchgate.net/profile/Anne-Fremaux/publication/326295135/figure/fig5/AS:646787517935618@1531217569955/The-Great-Acceleration-Steffen-et-al-2015b.png

Bild 12.5: Die große Beschleunigung (The Great Acceleration).

„Die Rottöne sind uns ausgegangen", kommentiert die Kunstwissenschaftlerin Birgit Schneider die farbliche Visualisierung der Erderwärmung, wie sie in den Bildern 12.6a und b gezeigt ist [23, 24] (vgl. Seminar 1). In manchen Bereichen der Erde ist die Erwärmung bereits so weit fortgeschritten, dass das dunkelste Rot schon nicht mehr ausreicht, um die Gefahr zu visualisieren, sodass auf Magenta ausgewichen werden muss.

https://www.raonline.ch/images/edu/cligal/ipcc_rep0704.gif
und
https://wiki.bildungsserver.de/klimawandel/upload/thumb/Temp_rcp8.5_2090_geographisch.jpg/480px-Temp_rcp8.5_2090_geographisch.jpg

Bilder 12.6a und 12.6b: Globale Temperaturentwicklungen – „Die Rottöne sind uns ausgegangen". (Birgit Schneider)

Eine andere Visusalisierung der Erderwärmung in Form eines Strichcodes zeigt das Bild 12.7. Jeder Streifen steht für ein Jahr auf der Zeitachse. Rote Streifen signalisieren hohe Temperaturen und sind in den letzten 30 Jahren stark akkumuliert.

https://www.klimafakten.de/meldung/jetzt-auch-fuer-deutschland-der-klimawandel-als-unheimlich-schoener-strichcode

Bild 12.7: Klimastrichcode. Die Grafik visualisiert die Durchschnittstemperatur für Deutschland zwischen 1881 und 2017. Jeder Streifen steht für ein Jahr.

Gemäß dem Pariser Klimaabkommen von 2015 soll die Erhöhung der Temperatur der Erdatmosphäre gegenüber der vorindustriellen Zeit auf maximal 2,0 °C, besser 1,5 °C, beschränkt werden. Mittlerweile beträgt sie aber schon 1,3 °C. Es bleibt also nicht mehr viel Spielraum für die Menschheit, um mit ihren Treibhausgasemissionen aufzuhören. Je schneller und massiver die erforderlichen Einsparmaßnahmen in die Wege geleitet werden, umso besser ist es zum Erreichen der Pariser Zielvorgabe. Warten und Nichts-Tun schadet nur; die Erderwärmung wird dann bis zum Jahre 2100 vermutlich auf 4 °C ansteigen und zum Kollaps zahlreicher Ökosysteme führen. Das ist im Bild 12.8 visualisiert.

https://www.klimafakten.de/sites/default/files/styles/675px-breite/public/images/articles/ipccvisualsguide.png?itok=ShbFqGUr

Bild 12.8: Klimaprognose Vergangenheit/Gegenwart/Zukunft.

Neben dem Klimaprognose-Diagramm (Bild 12.8) hängt in unserer Ausstellung ein von Hans Memling (1430-1494) gemaltes Triptychon (Bild 12.9). Faszinierend ist, wie Birgit Schneider zwischen der wissenschaftlichen Abbildung und diesem Altargemälde einen Zusammenhang in einer Dreiteilung erkennt und interpretiert. Heute, im Jahre 2022, ist der Tag der Entscheidung, das Jüngste Gericht. Leben wir konsequent umweltbewusst und im Einklang mit der Natur, so können wir das Pariser Klimaziel erreichen und weiterhin auf einer für uns Menschen angenehm temperierten Erde, quasi in einem himmlischen Paradies, leben. Sind wir hingegen Umweltsünder und ausbeuterisch gegenüber der Natur, so kommen wir sinnbildlich in die Hölle und verbrennen auf der immer wärmer werdenden Erde.

https://de.wikipedia.org/wiki/Das_J%C3%BCngste_Gericht_(Hans_Memling)

Bild 12.9: Ein Triptychon (Hans Memling) – eine Analogie zum Klimaprognose-Diagramm in Bild 12.8?

Das letzte Bild (Bild 12.10) in unserem Klimagraphiken-Saal nimmt die Gedanken von Birgit Schneider auf. Es stellt dar, wie das Emissionsbudget und nötige Pfade zur Emissionsreduktion, um das vereinbarte 1,5 °C-Ziel ohne negative Emissionen (wie beispielsweise durch das Carbon-Capture-and-Storage-Verfahren) einzuhalten, abhängig sind vom Emissionspeak. Je länger wirksame Klimaschutzmaßnahmen hinausgeschoben werden, desto schneller ist das verbleibende Budget erschöpft und desto stärker müssen die Emissionen in der Zukunft reduziert werden.

Umgekehrt ermöglichen schnelle Emissionsreduzierungen in der Gegenwart, den Zeitpunkt, an dem Nullemission erreicht sein müssen, weiter in die Zukunft zu schieben [25].

---

https://pbs.twimg.com/media/ELcZ_MgXYAMb8KI?format=jpg&name=900x900

Bild 12.10: Das Ziel, die Erderwärmung auf 1,5 °C zu beschränken, wird immer schwieriger, je länger man mit Maßnahmen zur Vermeidung von Treibhausgasen wartet. Es könnten Maßnahmen zur Entfernung von CO_2 aus der Atmosphäre erforderlich werden (sog. negative Emissionen).

Saal 13: Diese Erde ist uns heilig!

VIELLEICHT waren die wertvollsten Ergebnisse der Raumfahrt die beiden Fotos „Earthrise" und „Blue Marble", die 1968 bzw. 1972 von der Erde vom Mond aus geschossen worden sind (Bilder 13.1a und b). Der Blick aus der Ferne offenbart die Schönheit und Einzigartigkeit unseres Planeten und macht demütig. „Nur auf der Erde bin ich Mensch, hier darf ich's sein!" – So würde Johann Wolfgang Goethe vielleicht seine Worte aus Fausts Osterspaziergang abwandeln.

---

https://de.wikipedia.org/wiki/Earthrise#/media/Datei:AS8-13-2329.jpg
und
https://de.wikipedia.org/wiki/Blue_Marble#/media/Datei:The_Earth_seen_from_Apollo_17.jpg

---

Bilder 13.1a und b: Die Erde vom Mond aus betrachtet – Earthrise (1968) und Blue Marble (1972).

DIE Biosphäre und damit das Leben auf der Erde ist äußerst zerbrechlich. Das symbolisieren zwei Kunstfotos, die wir im dreizehnten Saal unserer Ausstellung neben „Earthrise" und „Blue Marble" positioniert haben. Das erste Foto (Bild 13.2) zeigt einen zierlichen Bonsai-Baum, der den Schutz einer Glaskugel bedarf; doch diese ist zersprungen. Wird der Baum überleben und weiterwachsen? Auf dem zweiten Foto (Bild 13.3) wird eine gläserne

Erdkugel, die mit einem grünen Blatt als offensichtliches Zeichen des Lebens geschmückt ist, von einer Frauenhand schützend gehalten.

https://www.niemblog.de/wp-content/uploads/2018/04/alltagstauglich-nachhaltig-leben-1.jpg

Bild 13.2: Zerbrechlichkeit – Bonsai-Baum in einer zerbrochenen Glaskugel.

https://i.pinimg.com/1200x/11/0f/3d/110f3d5fa00ffc057d8d7425bfe55f66.jpg

Bild 13.3: She's Got the Whole World in her Hands ... Die Welt in einer Glaskugel.

Stammt die Hand von Gaia, der griechischen Göttin, die die Erde gebiert und sie als Mutter beschützt? Diesen Gedanken haben wir im Ausstellungsraum dadurch verstärkt, dass wir ein Bild der schwangeren Gaia zeigen (Bild 13.4a).

Kennen Sie, sehr verehrte Museumsbesucher*innen, die Gaia-Theorie des britischen Naturwissenschaftlers und Universalgelehrten James Lovelock (geb. 1919)? Danach ist die Erde als Ganzes ein System, das sich wie ein Lebewesen selbst organisiert, in dem zahllose Stoffkreisläufe miteinander verknüpft sind und Organismen, Superorganismen und Ökosysteme symbiotisch koexistieren, nach einer Zeit vergehen, aber auch immer wieder neue Lebensformen hervorbringen. James Lovelock hat die Gaia-Hypothese in den 1970er Jahren zusammen mit der US-amerikanischen Biologin Lynn Margulis (1938-2011) entwickelt. Von ihr stammt auch die Endosymbiose-Theorie, nach der die Mitochondrien und Chloroplasten ursprünglich einzellige Organismen waren, die im Laufe der Evolution von den Zellen größerer Organismen eingeschlossen wurden, worauf sich eine Symbiose entwickelte. Das stichhaltigste Argument für die Richtigkeit dieser Hypothese ist, dass die Mitochondrien und Chlorplasten eigene DNA besitzen und vererben.

Neben dem Bild von der „schwangeren Gaia" hängt eins, das wir als die „sterbende Gaia" tituliert haben (Bild 13.4b). Es zeigt einen liegenden Frauenkörper, der zur Hälfte mit grünen Blättern bekleidet, aber mit der anderen Hälfte im Boden eines durch die

Erderwärmung ausgetrockneten Gewässers versunken ist. Wir stehen an einem Kipppunkt: Kann Gaia noch gerettet werden, oder ist es bereits zu spät?

---

https://bronsheimmusic.de/media/catalog/product/cache/0705d7e dec9b84f19d867bc773ebf016/g/a/gaia.jpg
und
https://www.phpc-mspc.ca/resources/Documents/Resident%20Section/ClimateChan geNegotiationsandPublicHealth.pdf

---

Bilder 13.4a und b: Gaias Schwangerschaft und Tod.

ZUGEGEBEN, Bilder unseres Planeten aus dem Weltall, Kunstfotographien der Natur bzw. der Erde in einer zerbrechlichen Glaskugel sowie Gaia-Bilder haben einen Hauch von Esoterik. Auch die Philosophie indigener Völker wird oft in die Esoterik-Ecke geschoben und mystisch verklärt zu „Die edlen Wilden". Das sollte man aber nicht tun. Vielmehr sollte man die Chance nutzen, von Indigenen zu lernen (vgl. Seminar 9).

Berühmt geworden ist die Rede des Indianerhäuptlings Seattle. Im Jahre 1854 wollte der amerikanische Präsident Franklin Pierce Land der Indianer kaufen und hatte deshalb mehrere Stammesvertreter zu Verhandlungen eingeladen, darunter auch Seattle, den Häuptling der Suquamish und Duwamish. Neben dessen Foto (Bild 13.5a) haben wir den Text seiner Rede abgedruckt (Bild 13.6). Sie ist ein leidenschaftliches Plädoyer für den behutsamen Umgang mit der Schöpfung, deren Teil wir Menschen sind, und ein Aufruf zur Ehrfurcht vor dem Leben.

Hannes Wader hat Kernaussagen vom Häuptling Seattle in einem eindrucksvollen Lied zusammengefasst (Video 13.5b), das im Ausstellungsraum angehört werden kann.

---

https://de.wikipedia.org/wiki/Seattle_(H%C3%A4uptling)
und
https://www.youtube.com/watch?v=FaWgd0X5KmM

Bilder 13.5a und Video 13.5b: Häuptling Seattle – Foto und Ausschnitte aus seiner Rede; Bilder und ein Lied darüber von Hannes Wader.

Diese Erde ist uns heilig

„Wie kann man den Himmel kaufen oder verkaufen? Wie die Wärme des Landes? Wir können uns das nicht vorstellen. Wir besitzen ja nicht die frische Luft und das Glänzen des Wassers, wie könnt ihr es dann kaufen? Jeder Teil dieser Erde ist meinem Volke heilig. Jede glänzende Tannennadel, jeder sandige Küstenstreifen, jeder Nebel in den dunklen Wäldern, jedes summende Insekt ist heilig in der Erinnerung und der Erfahrung meines Volkes ... Wir sind Teil der Erde und sie ist ein Teil von uns. Die duftenden Blumen sind unsere Schwestern; das Reh, das Pferd, der große Adler – dies sind unsere Brüder ... Wenn wir euch Land verkaufen, müsst ihr euch daran erinnern, dass es geweihtes Land ist und ihr müsst eure Kinder lehren, dass es geweiht ist und dass jeder Schatten in den klaren Wassern der Seen von Gegebenheiten und Erinnerungen in dem Leben meines Volkes erzählt. Das Murmeln des Wassers ist die Stimme des Vaters meines Vaters. Die Flüsse sind unsere Brüder, sie stillen unseren Durst. Die Flüsse tragen unsere Kanus und sie ernähren unsere Kinder. Wenn wir euch unser Land verkaufen, müsst ihr euch erinnern und ihr müsst es eure Kinder lehren, dass die Flüsse unsere Brüder sind und eure. Und von da an müsst ihr den Flüssen die Freundlichkeit zukommen lassen, die ihr jedem Bruder gewährt ...
Wir wissen, dass der Weiße Mann unsere Art nicht versteht. Ein Teil des Landes gilt ihm dasselbe wie der nächste, denn er ist ein Fremder, der in der Nacht kommt und von dem Land nimmt, was er braucht. Die Erde ist nicht sein Bruder, sondern sein Feind, und wenn er sie erobert hat, geht er weiter. Er lässt das Grab seines Vaters hinter sich und kümmert sich nicht darum. Er entführt die Erde von seinen Kindern. Aber dies kümmert ihn nicht. Die Gräber seiner Väter und das Geburtsrecht seiner Kinder sind vergessen. Er behandelt seine Mutter, die Erde, und seinen Bruder, den Himmel, wie Dinge, die man kaufen kann, plündern kann, verkaufen kann, wie Schafe und glänzende Perlen. Sein Hunger wird die Erde verzehren und er wird nur eine Wüste hinter sich zurücklassen.
Ich weiß es nicht. Unsere Art ist verschieden von eurer Art. Der Anblick eurer Städte tut den Augen des Roten Mannes weh. Aber vielleicht ist das so, weil der Rote Mann ein Wilder ist und es nicht versteht. Es gibt keinen ruhigen Platz in den Städten des Weißen

Mannes. Keinen Platz, um zu hören, wie sich Blätter im Frühling entfalten oder das Rauschen der Flügel der Insekten zu belauschen … Was ist der Mensch ohne Tiere? Wenn alle Tiere verschwinden werden, würden die Menschen sterben vor großer Einsamkeit. Denn was immer den Tieren geschieht, bald wird es auch dem Menschen geschehen.

Alle Dinge sind miteinander verknüpft. Ihr müsst eure Kinder lehren, dass die Erde zu ihren Füßen die Asche unserer Großväter ist. Damit sie das Land achten, erzählt euren Kindern, dass die Erde voll ist mit dem Leben unseres Geschlechts.

Lehrt eure Kinder, was wir unsere Kinder gelehrt haben, dass die Erde unsere Mutter ist.

Was immer der Erde widerfährt, widerfährt den Söhnen der Erde. Wenn Menschen auf den Boden spucken, spucken sie auf sich selbst. Eines wissen wir. Die Erde gehört nicht dem Menschen; der Mensch gehört zu der Erde.

Eines wissen wir. Alle Dinge sind miteinander verknüpft, wie das Blut, das eine Familie eint. Alle Dinge sind miteinander verknüpft. Was immer der Erde widerfährt, widerfährt den Söhnen der Erde. Der Mensch hat das Netz des Lebens nicht geknüpft, er ist kaum ein Faden darin. Was immer er dem Netz antut, er tut es sich selbst an …

Menschen kommen und gehen, wie die Wellen des Meeres. Auch der Weiße Mann, dessen Gott mit ihm geht und spricht, wie ein Freund zu einem Freund, kann dem allgemeinen Geschick nicht entfliehen … Eines wissen wir, was der Weiße Mann vielleicht eines Tages entdecken wird – unser Gott ist derselbe Gott.

Vielleicht denkt ihr jetzt, dass ihr ihm so gehört, wie ihr wünscht, dass euch unser Land gehört. Aber so ist es nicht. Er ist der Gott der Menschen, und sein Leiden ist das gleiche für den Roten Mann und für den Weißen. Diese Erde ist ihm kostbar und sie zu verletzen, heißt Verachtung auf ihren Schöpfer häufen.

Auch die Weißen werden untergehen; vielleicht schneller als alle anderen Stämme. Fahrt fort, euer Bett zu vergiften und eines Nachts werdet ihr in eurem eigenen Abfall ersticken … Wenn wir euch also unser Land verkaufen, liebt es, wie wir es geliebt haben. Sorgt für es, wie wir für es gesorgt haben. Haltet in eurem Gedächtnis das Land fest, so wie es jetzt ist, wenn ihr es nehmt.

> *Und mit all eurer Kraft, mit eurem ganzen Verstand, mit eurem ganzen Herzen, bewahrt es für eure Kinder und liebt es, so wie Gott uns alle liebt.*
>
> *Eines wissen wir; unser Gott ist derselbe Gott, diese Erde ist ihm kostbar. Auch der Weiße Mann kann dem allgemeinen Schicksal nicht entfliehen.*
>
> *We may be brothers after all. We shall see."*

Bild 13.6: Rede des Häuptlings Seattle in der Version von Hedwig Wilken in ihrem Buch »Kinder werden Umweltfreunde« [26].

In seinem Buch »Wir Klimakiller« [27] lässt der australische Paläontologe Tim Flannery einen Aborigines zu Wort kommen (Bild 13.7). Ähnlich wie dem Häuptling Seattle ist auch dem australischen Ureinwohner Big Bill Neidjie, Gagadju Man, die Erde heilig, und er argumentiert folgendermaßen: Unter der Erde liegt Kohle – ehemaliges organisches Leben. Wenn wir diese ausgraben und verbrennen, wäre das eine pietätlose Behandlung unserer Vorfahren. Außerdem werde das aus früherem Leben durch Verbrennen freigesetzte Kohlenstoffdioxid die Erde erwärmen, wodurch Menschen den Hitzetod erlangen können, nicht unbedingt an dem Ort, wo die Kohle gefördert wird, sondern anderswo, denn Treibhausgase kennen keine Grenzen. Sehr wahr!

> *Wir gehen über die Erde,*
> *wir passen auf wie der Regenbogen oben.*
> *Aber etwas ist da unten, unter dem Boden.*
> *Wir kennen es nicht.*
> *Du kennst es nicht.*
> *Was willst du tun?*
> *Wenn du es berührst,*
> *bewirkst du vielleicht einen Wirbelsturm,*
> *heftigen Regen oder eine Flut.*
> *Nicht bloß hier.*

Bild 13.7: Gedicht des Aborigines Big Bill Neidjie, Gagadju Man [27].

Saal 14: Here Comes the Sun

IM vierzehnten Saal unserer Ausstellung erklingt leise das bekannte Lied »Here Comes the Sun« vom Abbey-Road-Album der Beatles. Es wird als Musikvideo abgespielt (Video 14.1). George Harrison hat beim Singen vermutlich nicht an die Solarenergie gedacht, hätte aber bestimmt nichts dagegen eingewendet, dass wir seinen Text in unserer Ökologie-Ausstellung nutzen.

https://www.youtube.com/watch?v=KQetemT1sWc

Video 14.1: »Here Comes the Sun«. (The Beatles)

WENN wir den Ausstellungsraum betreten, werden wir von drei großen Plakaten begrüßt (Bilder 14.2a, b und c): „Kohlekraft? – Nein Danke!", Erdöl? – Nein Danke!" und „Atomkraft – Nein Danke!"

https://i1.wp.com/vatum.de/wp-content/uploads/2018/09/Kohlekraft.png?fit=300%2C300&ssl=1
und
https://image.spreadshirtmedia.net/image-server/v1/compositions/T1040A14PA2641PT26X31Y1D168931033FS2490/views/1,width=650,height=650,appearanceId=14,backgroundColor=ffffff.jpg
und
https://upload.wikimedia.org/wikipedia/commons/thumb/6/63/Atomkraft_Nein_Danke.svg/1200px-Atomkraft_Nein_Danke.svg.png

Bilder 14.2a, b und c: So geht es nicht mehr weiter! Aufkleber „Kohlekraft? – Nein Danke!", „Erdöl? – Nein Danke!" und „Atomkraft? – Nein Danke!"

WENN fossile Brennstoffe und die Uranspaltung für die zukünftige Energieversorgung der Menschheit passé sind, was bleibt dann? Die Antwort ist bereits gut 3300 Jahre alt: Die Sonne. Bild 14.3 zeigt, wie der Pharao Echnaton sie anbetet. Der altägyptische König der 18. Dynastie war seiner Zeit weit voraus. Er glaubte nicht an die vielen damaligen Götter; wenn überhaupt, könne es nur eine Himmelsmacht geben, und dass sei die Sonne. Damit war der Monotheismus geboren. Doch Echnaton war zu modern; seine

Nachfolger kehrten zum früheren Vielgötterkult zurück. Aber halten wir fest: Echnaton war vermutlich der erste Mensch, der erkannt hatte, dass die Energie für das Leben auf der Erde von der Sonne kommt.

https://de.wikipedia.org/wiki/Echnaton#/media/File:La_salle_dAkhenaton_(1356-1340_av_J.C.)_(Mus%C3%A9e_du_Caire)_(2076972086).jpg

Bild 14.3: Die Himmelsmacht – Pharao Echnaton betet die Sonne an.

Es dauerte ungefähr tausend Jahre, bis Echnatons Idee wieder aufgenommen wurde. Und zwar von Diogenes, als er dem jungen mazedonischen König Alexander eine Lektion über Solartechnik und Fotochemie erteilte. Die Geschichte „Geh' mir aus der Sonne!" wird in einem Gemälde von Nicolas André Monsiaux (1754-1837) erzählt (Bild 14.3).

https://www.kunstkopie.de/kunst/nicolas_andre_monsiau/alexander_PWI.jpg

Bild 14.4: „Geh' mir aus der Sonne" – Diogenes und Alexander. (Nicolas André Monsiaux)

Diogenes sagt dem jungen Schnösel, er solle den Quatsch mit den Eroberungen im fernen Osten gefälligst lassen. Es gäbe ja doch nur Krieg und Völkermord. Er solle sich besser auf das konzentrieren, was für das Leben auf der Erde die allerallergrößte Bedeutung habe, nämlich das Sonnenlicht. Alexander komme doch schließlich aus der besten Eliteschule seiner Zeit, sei Schüler von Prof. Aristoteles und solle doch gefälligst zum Solarforscher werden.

Jetzt stellen Sie sich bitte vor, sehr geehrte Museumsbesucher*innen, Alexander wäre dem Rat des Diogenes tatsächlich gefolgt. Dann wäre die Entwicklung der Solartechnik heute sage und schreibe 2300 Jahre weiter, und wir hätten gewiss kein Problem mit unserer Energieversorgung und keinen CO_2-verursachten Klimawandel. Doch die Geschichte ist halt dumm gelaufen.

Diese Variante der Diogenes-Legende habe ich erfunden, um zu der Technik überzuleiten, die ich für die wirkungsvollste zur Energieversorgung der Menschheit halte: Die Solartechnik (Bilder 14.5a und b). In der Wüste ist wahnsinnig viel Platz, und die Sonne scheint fast immer. Hier könnte eine Massenproduktion von elektrischem Strom erfolgen und dieser dann vor Ort für die elektrolytische Wasserzersetzung genutzt werden, womit der Weg in das Zeitalter des grünen Wasserstoffs bereitet wäre.

ICH favorisiere diese Form der Energiebereitstellung, weil sie derjenigen am nächsten kommt, welche die Natur in Form der Fotosynthese par excellence durchführt: Wasserzersetzung mit kostenlosem Sonnenlicht. Das ist etwas, was in großem Maße gemacht werden kann und muss. Und wenn George Harrison im Refrain von »Here Comes the Sun« singt: „And I say: It's allright!" ist dem einfach zuzustimmen.

https://upload.wikimedia.org/wikipedia/commons/2/22/PS20andPS10.jpg
und
https://www.ibc-blog.de/wp-content/uploads/2014/11/Bhadla2-300x198.jpg

Bilder 14.5a und b: Solarkraftwerk und Photovoltaik-Anlage in der Wüste – Here comes the Sun … and I say: It's all right!

DAMIT wäre die Totenglocke für Kohle, Erdöl, und Erdgas geläutet. Ja, mit diesen fossilen Energiequellen ist es vorbei – muss es vorbei sein. (Der CO_2-freien Atomenergie kann vielleicht noch der Status einer Übergangstechnologie eingeräumt werden, bis die Infrastruktur für genügend regenerative Energie aufgebaut ist.) Doch wir sollten Kohle, Öl und Gas und die Menschen, die sie erschlossen und genutzt haben, nicht verfluchen und wegjagen, sondern uns in Würde und auch in Dankbarkeit von ihnen verabschieden.

Denn der Bergmann war einst hoch angesehen und ein wahrer Kumpel, der keine Mühe und Gefahr scheute, tief in einen Stollen einzufahren, um dort das schwarze Gold zu schürfen, das seinen Mitmenschen Wohlstand brachte. „Glück Auf" rief man ihm zu, wenn er zur Arbeit schritt. Seine Zeche trug den Namen „Glück Auf", und auf den Loren, in denen die Kohle transportiert wurde, standen diese beiden Worte ebenfalls (Bild 14.6a und b).

Das Steigerlied (Bild 14.7) [28] war eine Kult-Hymne, die (nicht nur) im Kohlenpott gesungen wurde. Ja, Kohle und Glück hingen direkt zusammen, waren quasi ein Synonym. In der Tat wäre unser heutiger Wohlstand ohne die Kohle – später kamen Erdöl und -gas hinzu – nicht erreicht worden. Doch wie singt Bob Dylan so wahr: „The times, they are a-changin'", und wegen der Erderwärmung durch CO_2-Emissionen, an die man vor 200 und auch noch vor 100 Jahren überhaupt nicht gedacht hatte, ist das Festhalten an fossiler Verbrennung heute nicht mehr akzeptabel.

Das ZDF filmte die Zeremonie bei der Schließung der letzten Zeche im Ruhrgebiet am 21.12.2018. In unserem Ausstellungssaal schauen wir uns diese Dokumentation an (Video 14.8). Der letzte Steiger stand in seiner Arbeitskleidung vor der Grubeneinfahrt und hielt stolz ein großes Stück glänzender Steinkohle in seinen Armen. Bundespräsident Steinmeier, NRW-Ministerpräsident Laschet, Vertreter der Bergbau-Gewerkschaft und viele Kumpel waren da und sangen gemeinsam „Glück auf, Glück auf, der Steiger kommt ..." – ein wahrhaft würdiger Abschied von der fossilen Energiegewinnung – in Dankbarkeit.

---

https://t3.ftcdn.net/jpg/02/41/13/14/240_F_241131470_Hos9arC8p
fvHJULxQW8Omy2SQOj9Kn9S.jpg
und
https://www.imago-images.de/bild/st/0062514810/w.jpg
und
https://upload.wikimedia.org/wikipedia/commons/thumb/c/ce/Oil_w
ell.jpg/435px-Oil_well.jpg

Bilder 14.6a, b und c: „Glück Auf!" – Abschied von Kohle und Öl in Dankbarkeit.

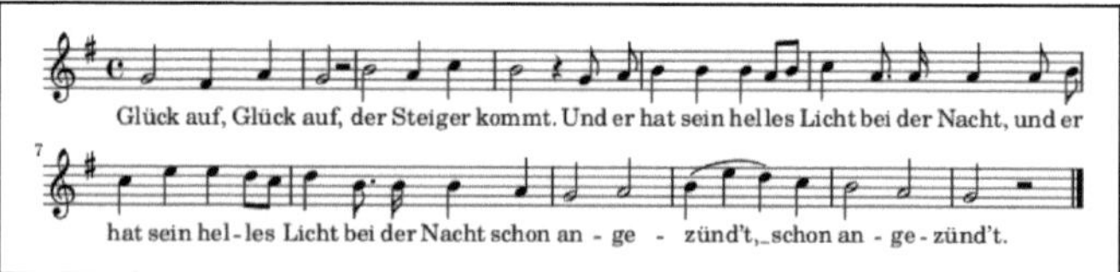

Bild 14.7: Das Steigerlied [28].

Video 14.8: Das Steigerlied – gesungen bei der Schließung der letzte deutschen Steinkohle-Zeche. (ZDF, 21.12.2018)

Saal 15: Öko-Psychologie

WIR sind fast am Ende unserer Ausstellung angekommen, möchten uns im vorletzten Saal aber noch der dringenden Frage stellen, warum fachwissenschaftlich so viel über die globale Metakrise und insbesondere den Klimawandel, seine große potenzielle Bedrohung für das Leben auf der Erde und mögliche Präventionsmaßnahmen bekannt ist und trotzdem viel zu wenig geschieht, um die Gefahren abzuwenden. Dafür muss es psychologische Gründe geben. Wir möchten Sie, sehr geehrte Museumsbesucher*innen, an dieser Stelle schon herzlich zu einem Vortrag von George Marshall einladen (Seminar 8), der sein Buch »Don't even think about it – Why our brains are wired to ignore climate change« [29] vorstellt und dabei analysiert, wie die menschliche Seele gestrickt ist, um dem Klimawandel *nicht* die gebührende Aufmerksamkeit zu schenken. (Vgl. [30].)

Die folgende Zusammenstellung von Bildern führt uns in die Öko-Psychologie ein.

Langsames und schnelles Denken, Rationalität und Emotionalität
Die Karikatur 15.1a erzählt die Geschichte von einem Klimaforscher, der anhand einer Graphik (Keeling-Kurve) den Anstieg der CO_2-Konzentration und die bedrohlichen Folgen davon erläutert. Einer seiner Zuhörer konzentriert sich auf die Ausführungen und muss dabei langsam, rational und logisch denken. Plötzlich sieht er eine kleine Maus im Vortragssaal, die an einen Stückchen Käse knabbert, und … sucht panikartig Schutz [31].

http://guide.cred.columbia.edu/images/illo_future_danger.gif
und
https://cdn.sketchbubble.com/pub/media/catalog/product/optimize
d/8/1/81b374acee2a7df19fcea32e18250afeb309439b8287e1ec67
36a09a7d6842ba/logical-thinking-slide2.png

Bilder 15.1a und b: Rationalität und Emotionalität – Warum wissenschaftliche Bilder *alleine* keine Verhaltensänderungen bewirken.

Ereignisse, die Menschen persönlich und unmittelbar als etwas Negatives emotional erleben – hier: der Schrecken vor der Maus – weckt in ihnen die Bereitschaft, etwas dagegen zu tun – sich in Schutz zu bringen. Daniel Kahnemann (geb. 1934), der in seinem Bestseller »Schnelles Denken, langsames Denken« [32] den Unterschied zwischen Emotionalität und Rationalität im Denken und Handel minutiös analysiert, äußert sich in einem Gespräch mit Georg Marshall äußerst pessimistisch, dass die meisten Menschen wohl kaum etwas gegen den Klimawandel unternehmen werden. Sie könnten den Klimawandel zwar *rational* verstehen, erlebten ihn aber nur sehr selten *emotional*, denn er sei zu komplex, zeitlich ungewiss, die von ihm ausgehende Gefahr zu wenig konkret und mit vorherigen persönlichen Erfahrungen nicht erklärbar [29].

Umso wichtiger ist es, den Klimawandel anschaulich mit spannenden und *emotional* bewegenden Geschichten zu erzählen. Die Menschheit sollte nicht erst durch ein Klima-Hiroshima oder ein Klima-9/11 zum Gegensteuern aufgerüttelt werden.

Kognitive Dissonanz
Das Bild 15.2 ist eine Fabel. Es zeigt einen Fuchs, der gerne Trauben naschen möchte, aber erkennt, dass diese an einen zu hohen Ast hängen, sodass er sie nicht erreichen kann. Um diese Enttäuschung, eine kognitive Verzerrung zwischen seinem Wunsch und seinem Wissen, aufzulösen, redet das Tier sich ein, dass die Trauben bestimmt sehr sauer und deshalb gar nicht begehrenswert seien.

https://upload.wikimedia.org/wikipedia/commons/5/59/The_Fox_a
nd_the_Grapes.jpg

Bild 15.2: Kognitive Dissonanz [33].

Ähnlich wie dem Fuchs geht es vielleicht Menschen, die gerne ein Filet-Steak essen, aber wissen, dass Rinder mit ihren Methan-Emissionen die Atmosphäre aufheizen und außerdem in der Massentierhaltung gequält und getötet werden. Trotzdem genießen sie das Steak und kommen über ihre Gewissensbisse hinweg, indem sie nur Fleisch aus ökologischen Landbau mit artgerechter Tierhaltung essen und sich außerdem sowieso für viel umweltbewusster als ihre Freunde und Nachbarn halten.

Bestätigungsfehler (Confirmation Bias)
Menschen tendieren dazu, solche Informationen zu selektieren, die ihre bestehenden früheren Erfahrungen und Überzeugungen bestätigen. Wenn sie z.B. in der Schule gelernt haben, dass es im Laufe der Erdgeschichte immer wieder Eis- und Heißzeiten gegeben hat, kann es sein, dass sie den momentanen Klimawandel für völlig natürlich erachten. Die *unbequeme Wahrheit*, dass der Klimawandel menschengemacht ist, ignorieren sie dann. Eine *beruhigende Lüge* ist in dem Fall viel attraktiver.

Auf dem Bild 15.3a sehen wir eine lange Schlange von Menschen, die den Film „Eine beruhigende Lüge" sehen möchten. Daneben hängt im unserem Museum ein Foto von Donald Trump (Bild 15.3b). Im Nachbarkino läuft der Film „Eine unbequeme Wahrheit" illustriert mit einem Foto von Al Gore (Bild 15.3c), den aber niemand sehen will.[1]

---

[1] Persönliche Bemerkung: Al Gore hat mit seinem Film »Eine unbequeme Wahrheit« ökologische Filmgeschichte geschrieben. Wäre er mit seinem großen Engagement zum Natur-, Umwelt- und Klimaschutz US-amerikanischer Präsident geworden, ginge es der Welt heute in ökologischer Hinsicht vermutlich besser. Schade, dass es nicht so gekommen ist, und sogar ein Leugner des Klimawandels namens Donald Trump das einflussreiche politische Amt auf der Welt erlangen konnte.

https://mappingignorance.org/app/uploads/2017/04/confirmation-bias-768x561.png
und
https://upload.wikimedia.org/wikipedia/commons/5/56/Donald_Trump_official_portrait.jpg
und
https://upload.wikimedia.org/wikipedia/commons/8/81/Al_Gore_%2847405838042%29_%28cropped%29_%282%29.jpg

Bild 15.3a, b und c: Bestätigungsfehler [34]. Eine unbequeme Wahrheit vs. eine angenehme Lüge – Al Gore vs. Donald Trump.

Optimistische Annahme (Optimism Bias)
„Yes, we can!" Dieser Ausruf ist zum Markenzeichen von Barack Obama geworden. Er strahlt Optimismus aus, und es ist grundsätzlich richtig, die Probleme der Zukunft in der Hoffnung anzugehen, sie auch tatsächlich bewältigen zu können.

Bild 15.4a zeigt eine junge Frau, die auf einer Demonstration ein Schild mit der Aufschrift trägt.

https://upload.wikimedia.org/wikipedia/commons/thumb/f/f0/Health_care_reform_supporter_3_at_town_hall_meeting_in_West_Hartford%2C_Connecticut%2C_2009-09-02.jpg/440px-Health_care_reform_supporter_3_at_town_hall_meeting_in_West_Hartford%2C_Connecticut%2C_2009-09-02.jpg
und
https://neologisms.blogs.wm.edu/2016/03/13/optimistic-bias/
und
https://thedecisionlab.com/wp-content/uploads/2020/09/optimism-bias.png

Bild 15.4a, b und c: Optimistische Annahme [35] – Yes, we can!

Doch Vorsicht. Auf dem Cartoon 15.4b sehen wir einen fast verdursteten Menschen mitten in der Wüste, der trotzdem optimistisch denkt, es werde schon jemand komme, der ihm helfe. Und auf dem Bild 15.4c meint ein Strichmännchen ganz zuversichtlich, das Ziel länge geradeaus vor ihm; doch in Wirklichkeit muss es erst noch zwei Berge und ein Haifisch-Becken überqueren. Die Bilder haben Symbolcharakter. Wie realistisch ist es überhaupt, eine zunehmende Wüstenbildung in Anbetracht der Erderwärmung zu verhindern? Und welche – schier unüberwindbaren – Hürden tun sich auf, um das Pariser Klimaziel von maximal 2 °C Erwärmung der Atmosphäre zu erreichen? *Übertriebener Optimismus ist ein Schutzmechanismus vor unterschwelliger Angst.*

Wir Deutschen glauben gerne daran, dass wir von Hurrikans niemals so stark betroffen sein werden wie z.B. die Menschen in Florida. Das mag statistisch zwar stimmen, verführt aber zu einem gefährlichen Optimismus, gar nichts gegen den Klimawandel unternehmen zu müssen.

Verfügbarkeitsheuristik (availability bias) und Auffälligkeitsverzerrung (salience bias)
Stellen Sie sich bitte vor, Sie hörten in letzter Zeit ständig von Einbrüchen in Ihrer Wohngegend, aber zeitgleich nur einmal etwas von einer Überschwemmungskatastrophe im fernen Asien. Was würden Sie tun? Ihr Haus mit einer Alarmanlage ausstatten, oder in den Deichbau an der Nordsee investieren?

Damit wären wir beim Thema Verfügbarkeitsheuristik. Menschen wählen in der Regel die nächstliegenden und prägnantesten Informationen, um Entscheidungen für ihre Sicherheit zu treffen (Bild 15.5a). In unserem Beispiel kommt der Klimaschutz zu kurz.

> https://thedecisionlab.com/wp-content/uploads/2020/06/availability-heuristic-the-decision-lab.png
> und
> https://thedecisionlab.com/wp-content/uploads/2019/08/Salience_Bias_TDL-1024x715.png

Bilder 15.5a und b: Verfügbarkeitsheuristik [36] und Auffälligkeitsverzerrung [37] – was ich höre und sehe ist meine Welt.

Eng verbunden mit der Verfügbarkeitsheuristik ist die Auffälligkeitsverzerrung. Im Bild 15.5b sehen wir ein Strichmännchen, das gemütlich am Meer in einem Strandkorb liegt, aber von einer Nachricht in der Zeitung aufgeschreckt wird, dass ein Schwimmer in einem fernen Land von einem Hai attackiert worden ist. Sofort erscheinen ihm seine im Wasser vergnügt spielenden Kinder in höchster Gefahr. Dass dem Klimawandel täglich sehr viel mehr Menschen zum Opfer fallen, geht bei der (aufreißerisch gestalteten) Schock-Nachricht völlig unter.

Soziale Konformität (bystander effect)
Der Mensch ist ein geselliges Tier. Für sein Überleben ist es wichtig, zu einer Gruppe zu gehören und in dieser zu handeln. Der Klimawandel erfordert ein (weltweites) kollektives Handeln. Wenn sich jemand der Problematik bewusst ist, aber sieht, dass andere Menschen nichts dagegen tun, wird er wahrscheinlich auch nichts unternehmen, um seine Sozialisierung in der Gruppe nicht in Frage zu stellen und als schwarzes Schaf zu gelten. Er möchte lieber zur Mehrheit gehören.

Der Bystander-Effekt ist im Bild 15.6a verdeutlicht: An einen am Boden liegenden Verletzten gehen zahllose Passanten vorbei, denken sich ihren Teil, aber helfen nicht. Sie verhalten sich wie die berühmten drei Affen, die nichts hören, nichts sehen und nichts sagen (Bild 15.6b).

https://cdn-images-1.medium.com/max/500/1*JmUTBkkjsENjpwEja4siww.jpeg
und
https://upload.wikimedia.org/wikipedia/commons/thumb/4/41/20100727_Nikko_Tosho-gu_Three_wise_monkeys_5965.jpg/1200px-20100727_Nikko_Tosho-gu_Three_wise_monkeys_5965.jpg

Bild 15.6a und b: Zuschauer-(Bystander)-Effekt [38].

Falscher Konsenseffekt und pluralistische Ignoranz
In einem Interview zu den Sondierungsgesprächen der neuen Ampel-Koalition sagte Annalena Baerbock, dass, wenn sie eine 6 und Christian Lindner eine 9 sähe, sie doch beide Recht haben und deshalb durchaus eine konsensfähige Koalition bilden könnten.

Damit hat Frau Baerbock ein psychologisches Phänomen angesprochen (Bild 15.7). Denn wenn jemand die 6 sieht, geht er in der Regel davon aus, dass alle anderen auch die 6 sehen. Das kann aber durchaus falsch sein.

https://www.learning-mind.com/wp-content/uploads/2019/07/False-Consensus-Effect.jpg

Bild 15.7: Falscher Konsenseffekt [39] – eine kognitive Verzerrung.

Der Falsche Konsenseffekt hängt eng mit der pluralistischen Ignoranz zusammen. Ein Beispiel dafür ist das Märchen von des

Kaisers neuen Kleidern (Bild 15.8). Alle sehen, dass der Kaiser nackt ist, doch keiner, außer einem unvoreingenommenen Kind, wagt es, das zu sagen, weil jeder meint, dass die anderen tatsächlich neue Kleider sähen und ihren Herrscher bewunderten.

https://i.pinimg.com/originals/9d/48/c2/9d48c2cc1998391e27060e50a6d40d6d.jpg

Bild 15.8: Pluralistische Ignoranz [40] – Des Kaisers neue Kleider.

Was ließe sich dazu für ein Beispiel zum Thema Klimawandel finden? Vielleicht folgendes. Wenn der Vorstandsvorsitzende eines großen Automobilherstellers verkünden würde, dass in Kürze alle Autos mit Li-Batterien emissionsfrei angetrieben würden, wäre ihm vermutlich der Applaus vom Abteilungsleiter bis zum Fabrikarbeiter gewiss. Obwohl viele von ihnen anderer Meinung sind, u.a. die Verfügbarkeit des leichten Alkalimetalls in Frage stellen, die gravierenden Umweltverschmutzungen im mittelamerikanischen Hochland beim Lithium-Abbau befürchten, die Kinderarbeit in den Kobaltminen schrecklich finden oder sich an die fehlenden Stromtrassen in Deutschland erinnern ...; doch jeder würde meinen, dass die anderen vollkommen die Ansicht des großen Chefs teilen.

Falscher Konsens und pluralistische Ignoranz stellen in der Tat eine Gefahr für ökologisch richtige Weichenstellungen dar.

Status Quo Verzerrung und Verlustaversion
Der Mensch ist ein Gewohnheitstier: „Das haben wir immer so gemacht." Deshalb nimmt er gute ökologische Ideen wie Car-Sharing oder Urban-Gardening nicht selbstverständlich sofort an (Bild 15.9). Es bedarf vielmehr etlicher Überzeugungsarbeit. Ob uns der Klimawandel dafür noch die Zeit lässt?

https://thedecisionlab.com/wp-content/uploads/2019/07/Status-Quo-Bias.jpg
und
https://thedecisionlab.com/wp-content/uploads/2019/08/Loss-Aversion.jpg

Bild 15.9a und b: Status Quo Verzerrung [41] und Verlustaversion [42].

Und gar nicht mag der Mensch es, wenn er befürchtet, dass man ihm etwas wegnehmen will (Bild15.9b), was er etwa bei einem wirtschaftlichen Degrowth-Konzept (Seminar 10) vermutet.

Begrenzte Kapazität an Sorgen (Finite Pool of Worry)
Die Menschen sind zwar mehr oder weniger stark körperlich und seelisch belastbar, aber irgendwann ist es zu viel. Wenn die Zinsen auf dem Sparkonto fallen, die Inflation steigt und noch ein coronabedingter Lockdown hinzukommt, dürfte bei vielen Menschen die Bereitschaft, sich beim Klimaschutz zu engagieren, deutlich nachlassen (Bild 15.10).

http://guide.cred.columbia.edu/images/illo_finite_pool.gif

Bild 15.10: Wenn der Pool der Sorgen überquillt [43].

Denkfehler nach einer Einzelhandlung (Single Action Bias)
und moralische Lizensierung
Wer kennt es nicht, das Gefühl etwas Gutes für die Umwelt getan zu haben. Eine Glühbirne gegen eine LED-Energiesparlampe zu ersetzen (Bild 15.11) ist gewiss ein lobenswerter Beitrag zum Sparen von Energie. Aber das reicht nicht! Die Erderwärmung kann nur mit einer Vielzahl solcher Taten gestoppt werden. Und mit dem Fahrrad zum Einkaufen zu fahren, um dann in den Urlaub zu fliegen und zu sagen, man habe ja bereits etwas für die Umwelt getan, ist kein Grund für einen ökologischen Freispruch.

http://guide.cred.columbia.edu/images/illo_single_action.gif

Bild 15.11: Das gute Gefühl beim Austausch einer Glühbirne –
Denkfehler bei dieser Einzelhandlung und moralische Lizensierung
[43].

Rahmungseffekt (Framing)
Welchen Käse kaufen Sie lieber: den, der mit L-(+)-Ascorbin-
säure konserviert, oder den, der mit Vitamin C angereichert ist?

Man kann das Kunden-Verarschung nennen oder besser mit
Framing bezeichnen, dem psychologischen Fachausdruck dafür.

Was ein Rahmungseffekt ist, wurde mir klar, als ich zum
ersten Mal Antoine de Saint-Exupérys (1900-1944) »Der kleine
Prinz« gelesen habe: Die Geschichte von dem türkischen Astro-
nomen, der auf einer Tagung einen Vortrag über die Entdeckung
eines Asteroiden gehalten hat – in seiner Landestracht mit Fez und
Pumphose … und niemand ihm glaubte. Ein Jahr später hielt er
den Vortrag erneut – diesmal in einem schicken europäischen An-
zug … und alle waren seiner Meinung (Bilder 15.12a und b).

https://www.hansiherrmann.de/der-kleine-prinz/thumbs/011.gif
und
https://www.exuperysprinz.de/wp-
content/uploads/sites/8/2015/03/Der-kleine-Prinz-Astronom2-
300x213.png

Bilder 15.12a und b: Framing [44]. Oder: Kleider machen Leute.

Kleider machen Leute. Auf die Verpackung kommt es an.
Oder auf die Erzählweise. Auch in der Klima-Diskussion. Vielleicht sollte man bei einer Stadtplanung nicht davon reden, die
Stickstoffoxid-Emissionen aus dem Autoverkehr im Innenstadt-
bereich müssten unbedingt gesenkt werden, um weitere Atem-
wegserkrankungen der Anwohner mit manchmal tödlicher Folge
zu vermeiden, sondern die Menschen vielmehr bitten, sich vorzu-
stellen, wie ruhig, erholsam und kinderfreundlich eine autofreie
Innenstadt als Begegnungszentrum sein könnte.

Diesen Gedanken werden wir im letzten Saal unserer Ausstellung noch einmal aufnehmen.

Bright-Siding oder Green-Washing

Das Foto 15.13 zeigt die Müllverbrennungsanlage in der japanischen Hafenstadt Osaka – gestaltet von Friedensreich Hundertwasser (1928-2000). Ist das eine besondere Form von Framing, ein Bright-Siding oder ein Green-Washing? Soll hier eine ästhetisch nicht sonderlich attraktive Industrieanlage ansehnlicher und damit für die Anwohner freundlicher gemacht werden? Oder soll kaschiert werden, dass (toxischer?) Abfall verbrannt und dabei Treibhausgas freigesetzt und (Fein)Staub in die Luft geschleudert wird?

https://hundertwasser.com/jart/prj3/hundertwasser/images/cache/78eaa784801627012ef2fa4c886bcb86/0x6AD85834B91B21CB9DB7B9942254F9B9.jpeg

Bild 15.13: Bright-Siding oder Green-Washing? Müllverbrennungsanlage in Osaka – entworfen von F. Hundertwasser.

Hier ist die Antwort eindeutig: Friedensreich Hundertwasser war ein von Herzen grüner Künstler, der die Welt einfach nur farbenfroher und lebenswerter gestalten wollte, was ihm mit all seinen Bauwerken auch gelungen ist. Aber Greenwashing gibt es an anderen Stellen reichlich, z.B. in Form der Namensänderung vom Öl-Riesen BP; der heißt jetzt ausgeschrieben nicht mehr Britisch Petroleum, sondern Beyond Petroleum, verbunden mit einer Änderung des Logos hin zu einer Korona, die an eine Sonnenblume erinnert (Bilder 15.14a und b).

https://upload.wikimedia.org/wikipedia/de/thumb/9/97/Bp3logo.svg/800px-Bp3logo.svg.png
und
https://upload.wikimedia.org/wikipedia/de/thumb/7/74/BP_logo.svg/800px-BP_logo.svg.png

Bilder 15.14 a und b: BP – Greenwashing durch Wechsel von Firmenname und -logo [45]

Klimawandel und Religion

Es gibt Menschen, die an den (menschengemachten) Klimawandel glauben, und solche, die das nicht tun. Dennoch ist Klima(wandel) keine Religion. Aber so, wie es zwischen Völkern verschiedener Religion immer wieder heftige Auseinandersetzungen und Kriege gegeben hat und immer noch gibt, gibt es das zwischen Klima-„Gläubigen" und -„Ungäubigen" auch oft ähnlich – ein klassischer In-Group/Out-Group-Konflikt – und geht nicht selten bis hin zu Morddrohungen gegenüber Klimaforschern. Z.B. hat der Erfinder des Hockeyschläger-Diagramms (Bild 12.4), Michael Mann, mehrfach solche Drohungen erhalten.

Zugegeben, mache Klimaprognose hat apokalypische Züge, aber Auswege aus der Krise zeichnen sich ab, oder zumindest gibt es Ansätze, wie die Menschheit mit dem Klimawandel leben kann, selbst wenn schwere Verluste und Zerstörungen ganzer Ökosysteme zu erwarten sind. Das war in der biblischen Geschichte nicht anders; Sodom und Gomorrha brannten nieder, aber neue menschliche Generationen wuchsen heran; nach der Sintflut kam der Regenbogen; und auch das zerstörte Jerusalem wurde nach dem babylonischen Exil wieder aufgebaut.

Was fast allen Religion gemeinsam ist, ist das Abschiednehmen von verstorbenen Menschen in Würde und das Pflegen ihres Angedenkens. Hiervon kann in der Klimadiskussion gelernt werden. Den Abschied von der Kohle in Dankbarkeit hatten wir bereits im Saal 14 thematisiert.

http://www.oxfamblogs.org/fp2p/wp-content/uploads/science-and-religion2-279x300.jpg

Bild 15.15: Karikatur zum Vergleich von Klimawandel und Religion.

Saal 16: Imagine

IM letzten Ausstellungssaal hängt eine Collage von Bildern aus dem Geschäftsbericht 2017 der Darmstädter Firma Merck (Bild 16.1), die in dem Jahr ihr 350jähriges Bestehen feierte. Der Bericht stand unter dem Motto »Imagine« und war in psychodelischen Farben gestaltet. Man möge bitte auch in den nächsten 350 Jahren immer neugierig sein und sich eine gesunde, glückliche und lebenswerte Zukunft vorstellen, zu der auch die Chemie viel beitragen könne. Man solle einfach positiv denken, die Zukunft optimistisch erzählen und Visionen entwickeln.

Psychodelische Farben und »Imagine« spielen gewiss auf den großen Visionär John Lennon (1940-1980) an. Ein Imagine-Musikvideo läuft dezent im Raum (Video 16.2).

Wie brauchen viele Visionen und charismatische Visionäre, um die globale Meta-Krise zu überwinden.

---

http://gb.merckgroup.com/2017/

Bild 16.1: Imagine – Leitmotiv der Firma Merck. (Geschäftsbericht 2017 der Firma, im Jahr ihres 350jährigen Bestehens)

---

https://www.youtube.com/watch?v=YkgkThdzX-8

Video 16.2: Musikvideo »Imagine«. (John Lennon)

Ein kleines Abschiedsgeschenk

BEIM Verlassen unserer Ausstellung erhalten Sie, verehrte Museumsbesucher*innen, als Abschiedsgeschenk eine Karte, auf der ein wunderschöner Kolibri abgebildet ist und seine Geschichte erzählt wird (Abschiedsbild). Es geht um die Frage, was jeder einzelne von uns gegen die Erderwärmung, das Artensterben, die Umweltverschmutzung etc. tun kann. Jeder auch noch so kleine Beitrag ist wichtig. Das Richtige tun, weil es richtig ist … Gerade als Chemiker sollten wir an den Katalysatoreffekt denken: Eine ökologisch gute Tat hat einen Vorbildcharakter – andere gute Taten werden dann folgen. *In diesem Sinne tun Sie bitte – wie der kleine Kolibri – einfach Ihr Bestes.*

VIELEN Dank für Ihr Interesse, und seien Sie recht herzlich eingeladen, das Begleitseminar zur Ausstellung (Teil II) zu besuchen.

Die Geschichte des kleinen Kolibris wie Wangari Maathai sie erzählt hat:

Eines Tages brach im Wald ein großes Feuer aus, das drohte alles zu vernichten. Die Tiere des Waldes rannten hinaus und starrten wie gelähmt auf die brennenden Bäume. Nur ein kleiner Kolibri sagte sich: "Ich muss etwas gegen das Feuer unternehmen." Er flog zum nächsten Fluss, nahm einen Tropfen Wasser in seinen Schnabel und ließ den Tropfen über dem Feuer fallen. Dann flog er zurück, nahm den nächsten Tropfen und so fort. All die anderen Tiere, viel größer als er, wie der Elefant mit seinem langen Rüssel, könnten viel mehr Wasser tragen, aber all diese Tiere standen hilflos vor der Feuerwand. Und sie sagten zum Kolibri: "Was denkst du, das du tun kannst? Du bist viel zu klein. Das Feuer ist zu groß. Deine Flügel sind zu klein und dein Schnabel ist so schmal, dass du jeweils nur einen Tropfen Wasser mitnehmen kannst." Aber als sie weiter versuchten, ihn zu entmutigen, drehte er sich um und erklärte ihnen, ohne Zeit zu verlieren: „Ich tue das, was ich kann. Ich tue mein Bestes."

Abschiedsbild: Die Geschichte des kleinen Kolibris [46].

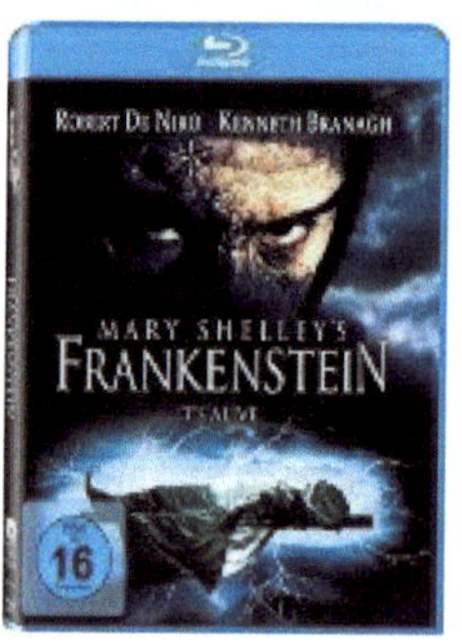

Im Seminar diskutierte Filme

Teil II:

Begleitseminar zur Museumsaustellung

Einführung

IM Folgenden wird ein zehnteiliges seminaristisches Begleitprogramm angeboten, das viele Themen der Museumsausstellung (Teil I) aufgreift und ergänzt. Die Seminareinheiten können unabhängig voneinander besucht werden. Die Vorträge unserer „Lehrbeauftragten", einige Lernvideos, Radiobeiträge, Kurzdokumentationen und Filmtrailer sind im vorliegenden Buch in Kästen als Hyperlinks hinterlegt (wie die Bilder in unserem Museum) und können im Internet abgerufen werden. Die Dauer jedes Beitrags ist angegeben. Außerdem werden sechs Filme empfohlen und diskutiert (siehe Seite 54).

Unsere Vortragenden sind (in der Reihenfolge, wie sie uns im Seminar begegnen): Mai Thi Nguyen Kim, Harald Lesch, Dirk Steffens, Birgit Schneider, Yuval Noah Harari, Eva Horn, Heinz-D. Haun, Richard David Precht, Jennifer Doudna, Dennis Meadows, Jørgen Randers, Maude Barlow, Peter Singer, Bernhard Kegel, George Marshall, Lothar Frenz, Bruno Latour, Glenn Albrecht, Andreas Weber, Greta Thunberg, Luisa Neubauer, Andreas Malm, Dirk Rossmann, Margaret Thatcher, Alexandria Octavio-Cortez, Harald Welzer, Niko Paech und Maja Göpel.

Auf dem Büchertisch in unserem Seminarraum liegen einiger ihrer Bücher [1, 9, 22, 24, 29, 48, 50, 51, 53, 54, 56, 58, 60, 63, 68, 72, 76, 80, 83, 89, 102] zum Schmökern und werden in die Diskussionen einbezogen (siehe Seite 56).

Bücher von einigen unserer „Lehrbeauftragten"

Seminar 1:
Was können wir wissen? Was können wir tun?

Zum Einstieg in das Thema „Klimawandel" haben wir eine zweiteilige Dokumentation der promovierten Chemikerin und Wissenschaftsjournalistin Mai Thi Nguyen-Kim (geb. 1987) ausgewählt (Videos 1.1a und b). Nguyen-Kim wurde mit ihrem Youtube-Kanal »MaiLab« bekannt, ist besonders bei Schüler*innen und Student*innen – aber nicht nur dort – wegen ihrer lockeren Erzählweise bei gleichzeitig höchster wissenschaftlicher Exaktheit sehr beliebt und mittlerweile auch Moderatorin in der ZDF-Serie Terra X.

Im ersten Teil ihrer Sendung (Video 1.1a) geht es um die Frage, was die Wissenschaft wirklich über den Klimawandel weiß. Nguyen-Kim erläutert

- die Wärmestrahlung absorbierende Wirkungsweise von Treibhausgasen,
- den Unterschied zwischen Wetter und Klima,
- die Aufgaben und Arbeitsweisen des Deutschen Wetterdienstes und des Weltklimarates (Intergovernmental Panel on Climate Change),
- die Temperaturgeschichte der Erde anhand der Analysen von Eisbohrkernen nach der Radiocarbonmethode,
- wie Messdaten von Atmosphärengasen erfasst und statistisch ausgewertet werden,
- wie evidenzbasierte Szenarien für die zukünftige Entwicklung der Treibhausgaskonzentrationen (Representative Concentration Pathways) erstellt werden,
- was Kipppunkte sind, mit welcher Wahrscheinlichkeit sie erreicht werden und
- was es für unterschiedliche Konsequenzen hat, ob die Erderwärmung bei 1,5 oder erst bei 2,0 °C gestoppt werden kann.

Im zweiten Teil (Video 1.1b) stellt Nguyen-Kim verschiedene Möglichkeiten vor, was wir gegen die Erderwärmung tun können, und diskutiert Vor- und Nachteile sowie möglicherweise auftretende Probleme, u.a.

- Reduzierung des persönlichen ökologischen Fußabdrucks,
- Förderung der biologischen Landwirtschaft und Ernährung,

- Ausbau des öffentlichen Verkehrswesens und Reduzierung des Individualverkehrs,
- Elektromobilität,
- Wärmedämmung im Bauwesen,
- Förderung regenerative Energien, insbesondere der Solar-, Wind und Wasserkraft,
- Einstieg in die grüne Wasserstofftechnologie,
- Erdabkühlung durch Geoengineering (Wolkenbildung durch Schwefelsäure-Aerosole oder Einfangen und unterirdisches Lagern von Kohlenstoffdioxid),
- ....

Die große Komplexität der Klimakrise wird in diesen beiden Beiträgen besonders deutlich. Die Wissenschaftskommunikatorin betont, dass es nicht *die eine Superlösung* gibt, sondern viele Lösungsansätze gleichzeitig konstruktiv angegangen werden und auch Verbote sowie finanzielle Anreize zum Tragen kommen müssen.

---

https://www.youtube.com/watch?v=oJ1zm65u-ck
und
https://www.youtube.com/watch?v=bCvUwnldqBl

Videos 1.1a und b: Mai Thi Nguyen-Kim, »Klimawandel – Was die Wissenschaft wirklich weiß ...und was nicht« sowie »Klimawandel – Was wir tatsächlich tun können«. (WDR Dokumentationen, Dauer 51 bzw. 49 Minuten)

NACH dieser Einführung in das Thema „Klimawandel" lassen wir uns einige Details von den Terra X-Moderatoren Harald Lesch (geb. 1960) und Dirk Steffens (geb. 1967) erklären.

DER Physik-Professor Harald Lesch entführt uns zunächst in „Leschs Kosmos", wo er die zukünftige Energieversorgung in Deutschland reflektiert (Videos 1.2 und 1.3). Er sagt klar und deutlich, dass ohne Kohle- und Atom- und ausschließlich mit Solar- und Windkraft zwar die Stromversorgung für die Haushalte sichergestellt werden könne, dass dann aber kaum noch freie Flächen für weitere Anlagen zwecks Gewinnung regenerativer Energie vorhanden wären, um den etwa sechsmal so hohen Bedarf an Primärenergie, insbesondere für die Stahl- und Zement-produktion sowie das Transportwesen, zu decken. Die Hauptmenge an Strom müsse deshalb Solarstrom aus der Sahara sein. Des Weiteren geht Lesch auf Möglichkeiten der Stromspeicherung ein und stellt u.a. Hochtemperaturwärmespeicher von Solarkraftwerken, Wasserpumpkraftwerke und riesige Batterien vor. Letztere dürften aber nicht auf Basis des limitierten Lithiums betrieben werden, sondern müssten als unedles Metall Natrium oder Magnesium enthalten, also Elemente, die in großen Mengen verfügbar sind. Dass derartige Batterien rasch entwickelt werden können, sieht Lesch optimistisch. Sie müssten ja nicht so leicht sein, wie die Lithium-Batterien für Elektroautos, Notebooks oder Handys.

---

https://www.youtube.com/watch?v=Az-Fr8DkhMQ

Video 1.2: Harald Lesch, »Ohne Kohle und Atom – geht uns der Strom aus?« (Terra X, Dauer 8 Minuten)

---

https://www.youtube.com/watch?v=ReXgSAs65QA

Video 1.3: Harald Lesch, »Voll geladen: neue Speicher für die Energiewende«. (Leschs Kosmos, Dauer 28 Minuten)

DASS Lithium ein mengenmäßig begrenzter Rohstoff und dessen Auswaschung aus eingetrockneten Salzseen zudem wegen des enormen Wasserbedarfs ökologisch bedenklich ist, macht der Journalist und Fernsehmoderator Dirk Steffens in seinem Seminarbeitrag deutlich (Video 1.4). Besonders beeindruckend ist die filmische Animation, mit der gezeigt wird, dass ein haushoher Berg von Flaschen mit Salzsole erforderlich ist, um nur eine einzige Autobatterie herzustellen.

Wir halten im Seminar fest, dass die Lithiumbatterie eine attraktive Nischenlösung ist, aber die bisherige riesige Anzahl von Automobilen nicht zum Fahren bringen kann.

---

https://www.youtube.com/watch?v=bAgGpm-3uRI

Video 1.4: Dirk Steffens, »Die Wahrheit über Lithium«. (Terra X, Dauer 10 Minuten)

„LITHIUM ist schlecht für die Umwelt." – Das ist für Steffens die Wahrheit. Und Lesch redet in zwei weiteren Beiträgen in unserem Seminar ebenfalls Tacheles, wenn es um Wetterextreme (Video 1.5) und dürre Zeiten (Video 1.6) geht.

Der Begriff „Klimawandel" klinge ihm zu freundlich, sagt der Physik-Professor; ihm sei „Klimakatastrophe" lieber. Denn „Wandel" höre sich so an, als könne man noch Kompromisse mit der Natur aushandeln; gegen eine „Katastrophe" müsse man sich hingegen mit gewaltiger Kraft auflehnen, um sie vielleicht gerade noch abwenden zu können.[2]

Dass Wetterextreme (Video 1.5) zunehmen, entspricht Leschs Erwartung. Wenn der Permafrost auftaut, wird das in den Hohlräumen des Eises eingeschlossene Methan (Methanhydrat) freigesetzt und beschleunigt den Treibhauseffekt. Das nennt man fachwissenschaftlich eine positive Rückkopplung, die aber überhaupt nicht „positiv", sondern ein Teufelskreis ist. Wenn es wärmer wird, verdunstet mehr Wasser und fällt woanders als Regen auf die Erde zurück. Doch wo sollen die ungeheuren Wassermassen hin, wenn immer mehr Flächen für den Bau von Straßen und Häusern versiegelt und landwirtschaftlich genutzte Böden durch den Einsatz schwerer Maschinen zunehmend verdichtet werden? Vielleicht wird der Jetstream langsamer, dadurch instabil und meandert, sodass polare Kaltluft weit in den Süden und umgekehrt warme Sahara-Luft weit nach Norden transportiert und auf diese Weise die Luftzirkulation der Erde maßgeblich verändert wird.

Da, wo Dürre herrscht, beginnt für Lesch der Kampf uns Wasser (Video 1.6). Beispielsweise ist die Sahara dabei, das Mittelmeer zu überspringen, was man im südlichen Spanien bereits deutlich merkt. Fatal ist es deshalb, dass dort, vor allem in Almeria, Tomaten, Wassermelonen und Avocados, also besondere wasserhaltige Früchte, in Treibhäusern für den Export ge-

---

[2] Überhaupt sollte die Sprache in der Ökologie einmal genauer unter die Lupe genommen werden. Z.B. die Begriffe „high bzw. low carbon". „High carbon" bezeichnet Lebensstile oder Technologien, die viel Kohlenstoffdioxid ausstoßen; aber das Wort „high" wird von den meisten Menschen mit Macht, Reichtum und Profit assoziiert, während „low" mit Armut und Versagen in Verbindung gebracht wird.

Mehr zu dem Thema erfährt man in der sehr lesenswerten Kritik »Klima, Sprache und Moral« des Sprachphilosophen Johannes Müller-Salo (geb. 1988) [47].

züchtet werden. Der Wasserverbrauch für die Bewässerung der Pflanzen ist enorm. Und der sowieso schon trockenen Gegend wird zusätzlich Grundwasser entzogen, was dessen Spiegel bereits bedrohlich hat sinken lassen. Letztlich ist der Export der genannten Früchte ein *Wasserklau*.

---

https://www.youtube.com/watch?v=ELk6VBXQZBo

Video 1.5: Harald Lesch, »Wetterextreme: Das neue Normal?« (Leschs Kosmos, Dauer 32 Minuten)

---

https://www.youtube.com/watch?v=z6NDVEznxwk

Video 1.6: Harald Lesch, »Dürre Zeiten – Der Kampf ums Wasser« (Leschs Kosmos, Dauer 29 Minuten)

WIR beenden unseren ersten Seminarblock über die Frage, was wir über den Klimawandel wissen können, mit einem Vortrag von Birgit Schneider (geb. 1972) (Video 1.7). Sie ist Professorin für Wissenskulturen und mediale Umgebungen an der Universität Potsdam im Institut für Künste und Medien und hat sich in letzter Zeit und in Zusammenarbeit mit dem Potsdamer Institut für Klimaforschung schwerpunkmäßig mit der Visualisierung von Klimadaten und der Ausdrucks- und Überzeugungsstärke von wissenschaftlichen Klimabildern beschäftigt. Darüber hat sie ein sehr interessantes Buch mit dem Titel »Klimabilder – Eine Genealogie globaler Bildpolitiken von Klima und Klimawandel« geschrieben [24]. Die bekanntesten von Schneider analysierten Klimabilder wie die Keeling-Kurve, das Hockeyschläger-Diagramm und ähnliche Bilder zur großen Beschleunigung, farbliche Darstellungen der Erderwärmung und RCP-Szenarien haben wir im Saal 12 unsere Ausstellung betrachtet.

In welcher Tradition stehen diese Bilder? Diese Frage beantwortet Schneider im ersten Teil ihres Buches, und zwar knüpfen die Grafiken an solche von Alexander von Humboldt (1769-1859) an. Dieser Universalgelehrte hatte 1817 die an 58 Wetterstationen auf der Nordhalbkugel bereits regelmäßig tabellarisch protokollierten Messdaten von Lufttemperatur, -druck, -feuchtigkeit, Sonneneinstrahlung und Niederschlagsmenge erstmals visualisiert und Temperaturisothermen über eine Weltkarte gezeichnet, sodass man Bereiche vergleichbarer Temperatur und ähnliche

Klimazonen auf einen Blick erkennen konnte. Das war vor 200 Jahren sensationell. Die heutigen Klimabilder sollen nicht nur von Klimaforschern in Publikationen gelesen und in wenigen Sekunden verstanden werden können, sondern von interessierten Laien und in erster Linie von Politiker*innen, die Entscheidung über Klimaschutzmaßnahmen zu treffen haben. Plötzlich stark ansteigende Graphen, am besten zusätzlich rot markiert, signalisieren eine bedrohliche Veränderung eines Status Quo und sollen zum raschen Gegensteuern motivieren.

---

https://www.youtube.com/watch?v=sMSIFvIziy4

Video 1.7: Birgit Schneider, »Klimabilder – Das zukünftige Gesicht der Erde?« (Mica Moca, Dauer 58 Minuten)

Seminar 2: Homo deus

IM zweiten Seminar unterhalten wir uns über das Anthropozän. Wie kam es zu diesem Zeitalter, in dem der Mensch die Erde maßgeblich gestaltet – bis hin zu ihrer (teilweisen) Zerstörung? Wann hat es begonnen? Wann wird es enden? Und was kommt dann?

EINLEITEND schauen wir uns einen zehnminütigen Funk-Comic[3] über die Evolution der Menschheit an (Video 2.1). Wie sich unsere Vorfahren, die über einen Zeitraum von etwa 200.000 Jahren als Jäger und Sammler wahre Survival-Spezialisten waren, sich vor ca. 12.000 Jahren dem Ackerbau zuwendeten und Zivilisationen gründeten (Neolithische Revolution und Beginn des Holozäns). Wie sie vor ungefähr 500 Jahren anfingen, ernsthafte Wissenschaft zu betreiben, um dann vor gut 200 Jahren eine Industrielle Revolution einzuleiten. Wie wir seit 60 Jahren den Computer nutzen, seit 30 Jahren im Internet surfen, seit 15 Jahren über das Smartphone anders kommunizieren … und wie unfassbar schnell – im positiven und negativen Sinne – wir unseren Planeten heute verändern.

---

[3] Funk ist ein Internet-Bildungsangebot von ARD und ZDF.

https://www.youtube.com/watch?v=M2PYkZ2Y_Ls

Video 2.1: Erklärvideo, »Was kam vor der Geschichte? Der Ursprung der Menschheit«. (Funk, Dauer 10 Minuten)

Es schließt sich ein Gespräch mit der Wiener Professorin Eva Horn (geb. 1965) an (Video 2.2), die sich als Literaturwissenschaftlerin besonders für dystopische Erzählungen und Filme interessiert und darüber das Buch »Zukunft als Katastrophe« [48] publiziert hat, und die das Anthropozän, worüber sie eine Einführung geschrieben hat [49], als einen *Bruchpunkt* bezeichnet, an dem – verursacht durch uns Menschen – eine radikale Veränderung des gesamten Planeten Erde einsetzt.

https://www.youtube.com/watch?v=dd0rGo8k0hE

Video 2.2: Eva Horn, »Das Anthropozän«. (Vienna Humanities Festival, September 2017, Dauer 45 Minuten ohne Diskussion)

Horn erläutert, dass das Anthropozän ursprünglich ein geologischer Begriff ist, dessen Anfang von den Stratigraph*innen auf den 16.7.1945 datiert wird. An dem Tag fand der erste Atombombentest statt, bei dem ein neues Element, das Plutonium, entstand, was als *golden spike* bezeichnet wird, der eine geologische Neuheit darstellt und deshalb ein Grund für die Benennung eines neuen Erdzeitalters sein kann. Gesellschafts- und Kulturwissenschaftler*innen sind eher der Meinung, dass die geologische Veränderung der Erde mit der Neolitischen Revolution vor etwa 12.000 Jahren (Landwirtschaft) oder mit der Industriellen Revolution vor gut 200 Jahren (Kohle-Feuerung) oder mit der Großen Beschleunigung (Great Acceleration) nach dem Zweiten Weltkrieg (Bevölkerungswachstum, Ressourcenverbrauch, Umweltverschmutzung …) angefangen hat. Horn selbst favorisiert die Zeit der Industriellen Revolution als den Beginn des Anthropozäns.

Da das Anthropozän – wie gesagt – eine Zeit der radikalen Veränderung ist, an der zahlreiche Schwellen – Kipppunkte – überschritten werden oder bereits überschritten worden sind, möchte Horn das Anthropozän am liebsten im Futur II erzählen: „Es wird gewesen sein!" Im Seminar überlegen wir uns dazu einige Beispiele: Grönland wird von Eis bedeckt worden sein;

Florida wird ein Urlaubsparadies gewesen sein; der Amazonas wird durch einen Urwald geflossen sein …

Interessant ist, dass Horn den Begriff „Nachhaltigkeit" zwar nicht ablehnt, aber meidet. Sie erinnert an die ursprüngliche Wortprägung durch Hans Carl von Carlowitz (1645-1714), der eine *nachhaltige Forstwirtschaft* konzipiert hatte, in der für jeden gefällten und genutzten Baum ein neuer angepflanzt werden musste. In diesem Sinne bedeutet Nachhaltigkeit die Bewahrung eines Status Quo. Horn findet den Begriff „Nachhaltigkeit" heute zu weich; irgendwie könne fast allem ein Nachhaltigkeits-Mäntelchen umgehängt werden: Rapsöl in den Tank zu kippen, könne als nachhaltig bezeichnet werden, weil ein nachwachsender Rohstoff und kein Erdöl verwendet werde; Fracking könne als nachhaltig deklariert werden, weil es die USA bei ihrer Energieversorgung unabhängig von anderen Ländern mache. Horn fände es deshalb besser, mehr über *Kipppunkte* zu reden, deren Überschreiten unbedingt vermieden werden solle.

DER nächste Redner in unserem Seminar ist der israelische Historiker Yuval Noah Harari (geb. 1976), der einige Aspekte aus seinen Bestsellern »Eine kurze Geschichte der Menschheit« [50] und »Homo Deus« [51] referiert (Video 2.3).

https://www.youtube.com/watch?v=nzj7Wg4DAbs

Video 2.3: Yuval Noah Harari, »Why humans run the world«. (TED-Talk[4], Dauer 17 Minuten)

Harari schildert, wie ein zunächst unbedeutendes Tier es lernte, das Feuer zu beherrschen und dadurch Macht über andere Lebewesen und schließlich die ganze Erde zu erlangen, und außerdem eine bemerkenswerte Sprachfähigkeit entwickelte, die ihm die Kommunikation mit Artgenossen und vielseitige, flexible Kooperationen, auch in großen Gruppen, ermöglichte. Mit der kognitiven Revolution kamen die Menschen aber auch auf

---

[4] Auf der international renommierten, jährlich in Vancouver stattfindenden TED-Konferenz (Technology, Entertainment, Design) und ihren Ablegern TEDx in anderen Ländern finden sogenannte TED-Talks statt, die ins Internet gestellt werden. Das Motto dieser Vorträge, die maximal 18 Minuten dauern, lautet: „Ideen, die es wert sind, verbreitet zu werden" (https://www.ted.com/).

komische Gedanken. So erfanden sie beispielsweise Ideologien oder Götter, die es in Wirklichkeit gar nicht gibt – Harari spricht von *fiktionaler Realität*. Mittlerweile haben sich die Menschen stark vermehrt und sich die Erde untertan gemacht, sind quasi ihren Göttern gleich geworden. Aber sie sind immer noch nicht zufrieden; vielmehr setzen sie durch ihr klimaschädigendes und sonstiges destruktives Verhalten ihre Existenz aufs Spiel. Wohin die Reise geht, wissen die Menschen nicht. Was gibt es Schlimmeres, als unzufriedene Götter?

HARALD Lesch nimmt im nächsten Seminarvortrag (Video 2.4) diesen letzten Gedanken aus Hararis Büchern auf und fragt, was wohl zukünftige Archäologen finden werden: Plastik? Shareholder? Bitcoin? Den Begriff „Anthropozän" möchte der Physik-Professor lieber durch „Kapitalozän" ersetzen, denn alles sei ökonomisiert und Bitcoin die Pervertierung des Homo sapiens. Das Geld der Reichen sei eine Sackgasse im Kapitalismus, weil es nicht investiert werde, z.B. für Wasseraufbereitungsanlagen in der Dritten Welt oder für die Integration von Migranten.

Lustig – wobei einem das Lachen im Halse steckenbleibt – ist ein Gedankenexperiment, zu dem Lesch uns einlädt. Wir mögen uns bitte eine Kamera vorstellen, die seit 60 Jahren den Eingangsbereich einer deutschen Schule überwacht. Was würden wir auf dem Film sehen? Vor 60 Jahren: Schüler*innen, die zur Schule kommen – zu Fuß. Vor 30 Jahren: Schüler*innen, die mit einem Auto gebracht werden. Heute: Lauter Kinder von Förstern, die aus riesigen Geländewagen, sogenannten SUVs, klettern.

---

https://www.youtube.com/watch?v=gMRnowgpGig

Video 2.4: Harald Lesch, »Die Menschheit schafft sich ab« (SWR Tele-Akademie, Dauer 45 Minuten).

DESHALB steht Leschs Fazit fest: Die Menschheit schafft sich ab [52]. So wie sie jetzt ist – möchten wir ergänzen. Im Seminar fragen wir aber provozierend, ob es nicht eine „upgegradete" Version des Homo sapiens geben könne; einen Menschen, der mit starker Künstlicher Intelligenz ausgestattet und mit CRISPR Cas-Gentechnologie bis zur Unsterblichkeit genetisch optimiert ist? Damit sind wir beim Gilgamesch-Epos und den Nachfolgern von Dr. Viktor Frankenstein angekommen.

Gilgamesch lebte vor 4500 Jahren in Uruk im Zweistromland. Über den Tod seines besten Freundes Enkidu kam er nicht hinweg und stellte sich die Frage, ob der Tod nicht überwindbar sei und die Menschen unsterblich wie die Götter werden könnten. So begab sich Gilgamesch auf eine lange Reise, um am Ende aber doch seine eigene Sterblichkeit akzeptieren zu müssen.

Der Theaterpädagoge Heinz-D. Haun liest uns einen Teil dieses ältesten Epos der Menschheit auszugsweise vor (Video 2.5).

---

https://www.youtube.com/watch?v=_0GMc4M6J0I

Video 2.5: Heinz-D. Haun liest aus dem »Gilgamesch-Epos«. (Dauer 36 Minuten)

1818 veröffentlichte die britische Schriftstellerin Mary Shelley (1797-1851) das vielleicht berühmteste Werk der fantastischen Literatur, »Frankenstein *oder* Der moderne Prometheus«, welches an das Gilgamesch-Epos anknüpft. Der Romanheld Viktor Frankenstein kann den Tod seiner geliebten Mutter nicht verkraften. Als ambitionierter, frisch promovierter Mediziner beschließt er, den Tod zu überwinden. Er kommt auf die Idee – und wird davon geradezu besessen –, toten Stoffen durch einen elektrischen Stromschlag – so wie Luigi Galvani die Schenkel von toten Fröschen zum Zucken gebracht hat – Leben einzuhauchen. Er näht Leichenteile zusammen, leitet einen Blitz durch … Ein lebendes Wesen entsteht. Der Tod ist überwunden; einen Gott als Schöpfer des Lebens braucht man nicht mehr, denn der Mensch ist selbst zum Homo deus geworden. Doch Frankensteins Geschöpf ist wegen seiner vielen Nähnarben und Unförmigkeiten kein ansehnlicher Mensch, sondern hässlich, wird von der Gesellschaft abgelehnt und gefürchtet. Es wird einsam und nimmt grausame Rache.

Der Roman ist mehrfach verfilmt wurde, u.a. von Kenneth Branagh. Diese Filmversion sehen wir uns an (Film 2.6).

---

https://www.youtube.com/watch?v=GFaY7r73BIs

Film 2.6: Kenneth Branagh, »Mary Shelley's Frankenstein«. (Tristar 1994, Trailer; der ganze Film ist im Internet nicht frei verfügbar)

Danach spekulieren wir, welche Möglichkeiten Viktor Frankenstein heute hätte, um einen Menschen zu erschaffen: Organe, die aus embryonalen Stammzellen gezüchtet sind, mit CRISPR Cas modifizierte DNA, Prothesen aus Edelstahl oder Hochleistungskunststoffen, biokompatibel mit Nanomaterialien beschichtete Hüft- und Kniegelenke, Herzschrittmacher, Cochlea-Ohrimplantate, Blutgefäße und Augenlinsen aus Silicon, angeschlossene Künstliche Intelligenz, Nähmaterial aus biologisch abbaubarem Polylactid, sodass keine hässlichen Nähnarben bleiben …

Nein, die Geschichte von Viktor Frankenstein und seinem Geschöpf ist keine Utopie, sondern eine eindringliche Mahnung, wohin der Machbarkeitswahn des Menschen führen kann, und damit die Grundlage der Wissenschaftsethik: *Was denkbar ist, ist machbar; doch darf man es auch tun?*

Eine unbeschreibliche schauspielerische Meisterleistung, wie Kenneth Branagh in der Rolle des Viktor Frankenstein bei der ersten Bewegung des Geschöpfes dahinhaucht: „It's alive." Dann wird einem bewusst, dass die Menschheit in ihrer Zukunft nicht primär von der Überbevölkerung der Erde, dem Artensterben, der Ressourcenknappheit oder dem Klimawandel bedroht ist, sondern von ihrem eigenen Größen- und Machbarkeitswahn. (Vgl. [2], S. 232-233.) Aus dem Saal 5 unserer Ausstellung klingen Friedrich Schillers Verse „Der schrecklichste der Schrecken, das ist der Mensch in seinem Wahn" nach.

ÜBER ethische Aspekte der Künstlichen Intelligenz und der modernen Gentechnologie referieren Richard David Precht (Video 2.7) und Jennifer Doudna (Video 2.8).

---

https://www.youtube.com/watch?v=FAOkumOSs_w

Video 2.7: Richard David Precht, »Künstliche Intelligenz«. (ARD – titel thesen temperamente, Dauer 9 Minuten)

KEINE Frage, Künstliche Intelligenz hat viele praktisch-nützliche Aspekte. Der Philosoph Richard David Precht (geb. 1964) stellt in der Fernsehreportage aber die Frage nach dem Zusammenhang von Künstlicher Intelligenz und dem Sinn des Lebens (vgl. [53]). Einige Aussagen stimmen nachdenklich:

- Künstliche Intelligenz kann dem einzelnen Menschen Entscheidungen abnehmen; dann werde die Freiheit dieses Menschen aber beschnitten.
- Der Mensch werde von seinem Willen gesteuert, während die Künstliche Intelligenz überhaupt keinen Willen kenne.
- Die Künstliche Intelligenz habe keinen Verstand und keine Vernunft und sie kenne kein Glück.

Aus Prechts Buch [53] ergänzen wir noch, dass selbst ein Schachweltmeister gegen Künstliche Intelligenz jedes Spiel verliert, dass der hochintelligente Schachcomputer aber nicht versteht, warum Menschen überhaupt spielen.

Ist der Mensch eine Zwischenstufe der Evolution und wird er durch die Künstliche Intelligenz zum Übermenschen[5]? Wir sollten vorsichtig sein und uns nicht zu sehr von der Künstlichen Intelligenz abhängig machen.

WIE sieht es aus mit einem biologisch optimierten, einem designten Menschen, vielleicht sogar Übermenschen? Jennifer Doudna (geb. 1964), Chemie-Nobelpreisträgerin 2020, hält in unserem Seminar (Video 2.8) einen beeindruckenden Vortrag, wie das mit der von ihr und Emmanuelle Charpentier (geb. 1968) gemeinsam entwickelten CRISPR Cas-Genschere und -Technologie durchaus möglich erscheint – und warnt mit Nachdruck! (vgl. [54].) Ein vorbildliches Verhalten in Hinblick auf Technikfolgeabschätzung und ethischer Verantwortung in den Naturwissenschaften. Ganz im Sinne des von Hans Jonas (1903-1993) formulierten Ökologischen Imperativs [55]: *„Handle so, dass die Wirkungen deiner Handlung verträglich sind mit der Permanenz echten menschlichen Lebens auf Erden.“*

https://www.youtube.com/watch?v=TdBAHexVYzc

Video 2.8: Jennifer Doudna, »How CRISPR lets us edit our DNA«. (TED-Talk, Dauer 16 Minuten)

---

[5] Persönliche Bemerkung: Der Begriff „Übermensch" und die Lehre darüber stammt von Friedrich Nietzsche (1844-1900), den ich für den schrecklichsten unter den sehr bekannten Philosophen halte, nicht zuletzt auch deshalb, weil er der Lieblingsphilosoph von Adolf Hitler war.

Seminar 3: Wasser, Luft, Erde, Feuer

DIE Umweltwissenschaften kann man in vier Bereiche einteilen:

- Umweltbereich Wasser
- Umweltbereich Luft
- Umweltbereich Boden
- Umweltbereich Energie

Dahinter verbirgt sich die 2500 Jahre alte Vier-Elemente-Lehre, die uns Harald Lesch anschaulich erklärt (Video 3.1).

Die Arbeiten von Thales, der den Ursprung aller Dinge im Wasser sah, von Anaximenes, der in der Luft das flüchtige Element erkannte, von Heraklit, der das Feuer als universelle Triebkraft ausmachte (und von dem außerdem die berühmten Sätze „Alles fließt" und „Man kann nicht zweimal in dasselbe Wasser steigen" stammen), und von Empedokles, der mit dem Zusammenspiel von Wasser, Luft, Feuer und Erde das Prinzip der Veränderung begründete und betonte, dass in der Natur alles mit allem zusammenhängt, bezeichnet Lesch als die *Erste Wissenschaftliche Revolution.* Was ist die Welt? Kann der Mensch die Welt erkennen, ohne die Götter zu bemühen? Mit diesen Fragen und ihren Antworten haben die antiken Naturphilosophen die modernen Naturwissenschaften begründet.

Diese Rückbesinnung auf die Anfänge des Naturverständnisses tut gerade heute gut, wenn wir uns angesichts der globalen Metakrise um die Zukunft der Natur große Sorgen machen.

https://www.youtube.com/watch?v=yPhCtzKy9aA

Video 3.1: Harald Lesch, »Feuer, Wasser, Luft und Erde«. (Sango, Dauer 15 Minuten).

Seminar 4: Die Grenzen des Wachstums

DIESE wegweisende Publikation von 1972 [1], eine wahrhaftige Kultschrift der Ökologie, wird uns im vierten Seminar zunächst in einer Dokumentation der Volkswagenstiftung kurz zusammengefasst (Video 4.1), bevor Dennis Meadows (geb. 1942) und sein damaliger jüngerer norwegischer Mitarbeiter Jørgen Randers (geb. 1945) (vgl. [56]) persönlich zu Wort kommen (Videos 4.2 und 4.3).

Das große Engagement der beiden, seit 1972 bis heute, ist beeindruckend. Traurig stimmt es, wenn die Wissenschaftler sich ihre Frustration anmerken lassen, dass die Menschheit mindestens 30 Jahre hat verstreichen lassen, um auf ihre Warnungen zu reagieren. Zeit genug wäre gewesen. Ob es heute noch möglich ist? Da sind Meadows und Randers sehr pessimistisch. „You won't avoid the collapse", sagt Meadows, und Randers fügt hinzu: „I am depressed."

https://www.youtube.com/watch?v=9tviH_W-Q3M

Video 4.1: Dokumentation »Die Grenzen des Wachstums – Ist die Erde noch zu retten?« (Volkswagenstiftung, Dauer 6 Minuten)

https://www.youtube.com/watch?v=LHumC1PGu6Q

Video 4.2: Dokumentarfilm über Dennis Meadows, »Letzte Warnung – Die Grenzen des Wachstums«. (ZDF, Dauer 54 Minuten)

https://www.youtube.com/watch?v=gPEVfXVyNMM

Video 4.3: Jørgen Randers, »Earth in 2052«. (TEDx-Talk in Trondtheim, Dauer 22 Minuten)

Seminar 5: Wasser ist Menschenrecht

Am 28.6.2010 hat die Vollversammlung der Vereinten Nationen *Das Recht auf Zugang zu sauberem Wasser* als ein Menschenrecht anerkannt. Insbesondere die Organisation Brot für die Welt (vgl. Ausstellungssaal 4 und [57]) und die kanadische Publizistin und Umweltaktivistin Maude Barlow (geb. 1947) hatten sich dafür stark gemacht. Barlow erhielt für ihr Engagement bereits 2005 den Alternativen Nobelpreis. In unserem Seminar hält sie – im Anschluss an ein kurzes Video, das in die Thematik einführt (Video 5.1) – einen Vortrag (Video 5.2), in dem sie auch auf ihr Buch »Das Wasser gehört uns allen« [58] eingeht. Sie klagt an, dass noch immer ein dringender Handlungsbedarf zur Umsetzung des Menschenrechts auf Wasser besteht, weil viele Menschen in den armen Länder nur mit großen Mühen an ausreichend sauberes Wasser gelangen und es ihnen auch an sanitären Einrichtungen fehlt, mit der Folge von Durchfall- und anderen Infektionskrankheiten. Dass Wasser von großen Getränkeherstellern zum profitablen Handelsgut gemacht wurde, hält Maude Barlow für falsch und kämpft deshalb vehement gegen die zunehmende Privatisierung der Wasserversorgung. Wasser ist ein wertvoller Schatz und gehört in die öffentliche Hand – so Barlows Forderung, die wir für richtig halten. Ihr dritter Kampf gilt dem Verbot von Wasser in Plastikflaschen. Selbst wenn das Kunststoffrecycling grundsätzlich machbar ist, hat Frau Barlow vermutlich Recht, dass nur ein Verbot von Plastikflaschen verhindern kann, dass der Müll auf Deponien, Stränden und im Meer überquillt. (Vgl. [59].)

---

https://www.youtube.com/watch?v=zsm3nH7mOcY

Video 5.1: Erklärvideo »Menschenrecht auf Wasser«. (FIAN-Food-First Informations- und Aktions-Netzwerk e.V., Dauer 6 Minuten)

---

https://www.youtube.com/watch?v=B1gPCwErTr4

Video 5.2: Maude Barlow, »Blue Gold – Water as a Human Right«. (Bioneers, Dauer 31 Minuten)

Seminar 6: Die Befreiung der Tiere

DENKEN Sie bitte an das Ausstellungsbild 7.1 „Die Rache der Kühe". Dazu hält uns Peter Singer (geb. 1946) eine zweiteilige Vorlesung (Videos 6.1a und b) (vgl. [60]).

---

https://www.youtube.com/watch?v=1lLm-91NpoA&t=611s
und
https://www.youtube.com/watch?v=UHzwqf_JkrA

Videos 6.1a und b: Peter Singer, »Animal Liberation – where are we today« und »The ethic of what we eat«. (Vorträge an der Universität Paderborn und am Williams College, Dauer 65 bzw. 53 Minuten – ohne anschließende Diskussionen)

Zunächst erläutert der australische Philosoph die Änderung der Einstellung der Menschen zu Tieren im Laufe der Geschichte:

- Aristoteles (384-322 v. Chr.): Pflanzen existieren zum Wohle der Tiere und Tiere zum Wohle der Menschen.
- Thomas von Aquin (1225-1274): Es spielt keine Rolle, wie wir die Tiere behandeln, weil Gott alle Dinge der Macht der Menschen unterstellt hat.
- Immanuel Kant (1724-1804): Gegenüber den Tieren haben wir keine direkten Pflichten. Tiere haben kein Selbstbewusstsein. Sie sind nur da, um den Menschen zu nützen.
- Jeremy Bentham (1748-1832): Die Frage ist nicht „Können Tiere denken?" oder „Können sie reden?", sondern *„Können sie leiden?"*
- Mehrheitliche Meinung heute: Jedes Lebewesen hat spezifische Interessen. Diese müssen berücksichtigt werden. Menschen haben die Pflicht, Tiere artgerecht und auf keinen Fall grausam zu behandeln.

Dass in Hinblick auf eine artgerechte Tierhaltung, die frei von Grausamkeit ist, noch vieles im Argen liegt, kommentiert der Tier- und Agrarwissenschaftler Peter R. Cheeke, den Singer zitiert, sinngemäß so: Wenn Fleisch-Esser einen Betrieb mit Massentierhaltung besuchen würden, würden sie sofort zum Veganismus konvertieren.

Von der Tierethik geht Singer zu umweltethischen Gesichtspunkten unserer Ernährung über und spricht u.a. den Methanausstoß bei der Rinderhaltung und die Gülle-Problematik, den prophylaktischen Einsatz von Antibiotika, die riesigen Gen-Mais-Monokulturen für die Tierernährung und den energieintensiven Transport tierischer Produkte rund um die Welt an.

Schließlich stellt Singer ethische Überlegungen zur Welternährungskrise an. Ist es gerecht, Pflanzen für die Tierernährung anzubauen, anstatt sie hungernden Menschen zur Verfügung zu stellen? Zerstören Exporte tierischer Produkte im die ärmeren Länder die dortige Subsistenzwirtschaft?

In unserem Seminar ergänzt Mai Thi Nguyen-Kim die Ausführungen von Singer, indem sie die Frage, ob Veganer die Umwelt retten, sehr detailliert und kontrovers diskutiert (Video 6.2). Dabei kommen einige Argumente zur Sprache, die man sonst nur selten hört. Beispielsweise, dass zwei Drittel aller Flächen für den Anbau von Esspflanzen gar nicht geeignet sind, aber als Weiden für Rinder und Schafe sinnvoll genutzt werden sollten. Oder dass, wenn es überhaupt keine Rinder mehr gäbe, folglich auch keine Gülle als Dünger für Nutzpflanzen zur Verfügung stünde und durch energieaufwendig herzustellenden Kunstdünger ersetzt werden müsse. Trotzdem, so Nguyen-Kim, gilt unter dem Strich, dass weniger tierische Nahrungsmittel zu deutlich weniger Treibhausgasemissionen führen. (Vgl. Museumssaal 7.)

---

https://www.youtube.com/watch?v=keEKlr2dG-I

Video 6.2: Mai Thi Nguyen Kim, »Retten Veganer die Umwelt?« (maiLab, Dauer 16 Minuten)

Seminar 7: Die Natur der Zukunft

„WIR müssen uns um das Leben kümmern, wir müssen für es sorgen. Und dazu müssen wir es verstehen." Mit diesen Worten von Paul Nurse (geb. 1949) [8], Nobelpreisträger für Physiologie und Medizin 2001, begrüßen wir Sie, verehrte Leser*innen, zu unserem siebten Seminar, in dem wir uns fragen, wie die Natur in der Zukunft aussehen wird.

ZU Beginn zwei Dokumentarfilme. Michael und Bernhard Grizmek (1934-1959 bzw. 1909-1987) haben mit »Serengeti darf nicht sterben« einen der besten Tierfilme aller Zeiten gedreht, der zu Recht 1960 (!) mit einem Oscar ausgezeichnet wurde (Film 7.1). Prof. Bernhard Grizmek war langjähriger Direktor des Frankfurter Zoos; für seinen Sohn Michael sollte der Film ein Teil seiner Doktorarbeit werden, doch tragischerweise verunglückte der junge Biologe bei einem Flugzeugabsturz während der Dreharbeiten tödlich. Die Grizmeks zeigen die Komplexität, Einzigartigkeit und Gefährdung eines großen Ökosystems, der Savannen-Landschaft im Ngorongoro-Krater in Ostafrika. Einem ganz anderen, nicht minder faszinierenden Ökosystem, dem Boden, hat die US-amerikanische Filmregisseurin Deborah Koons Garcia sprichwörtlich eine Symphonie gewidmet: »Symphony of the Soil« (Film 7.2). Beide Filme hinterlassen das Gefühl von Demut, dass wir Menschen uns als Teil der Natur begreifen und dankbar dafür sein sollten, dieser Teil sein zu dürfen.

https://www.youtube.com/watch?v=JLUL6m0pQkE

Film 7.1: Michael und Bernhard Gryzmek, »Serengeti darf nicht sterben«. (Dokumentarfilm von 1959, Trailer; der ganze Film ist im Internet nicht frei verfügbar)

Ganzer Film: https://www.youtube.com/watch?v=tDZVKMe2FTg
Trailer: https://www.youtube.com/watch?v=K5QYZ-LRXW4

Film 7.2: Deborah Koons Garcia, »Symphony of the Soil«. (Lily Films 2013, Dauer 104 Minuten)

WEITER geht es im Seminar mit drei kurzen Videos (Videos 7.3a-c), die den Wert von Ökosystemen für uns Menschen diskutieren. Das klingt zunächst sehr anthropozentrisch und kapitalistisch: Was nützt uns die Natur? Doch das Konzept der *Ökosystemdienstleistungen* möchte uns primär dafür sensibilisieren, was die Natur uns Gutes tut – ohne dafür eine Rechnung zu schicken! Dessen sind wir uns nämlich oft gar nicht bewusst; wir sollten es aber sein und große Dankbarkeit dafür empfinden.

Ein Auto oder ein Handy kann man mit einem Preisschild versehen, aber was ist ein Baum wert? Er spendet Schatten, bindet Kohlenstoffdioxid und kühlt auf diese Weise die Erde, unseren Lebensraum. Können wir die Kosten für diese Kühlleistung in Euro beziffern? Mit dieser einführenden Überlegung dürfte schon klar sein, dass wir den Baum schützen sollten – in unserem eigenen Interesse.

Ein Gedankenspiel im zweiten Video verdeutlicht, wie sehr wir auf die Dienstleistungen unserer irdischen Ökosysteme angewiesen sind. Wir sollen uns vorstellen, auf einer Mondstation zu leben und zu arbeiten. Alles, was wir dazu benötigen, müsste von der Erde herantransportiert werden: Sauerstoff, Wasser, Nahrungsmittel, klimatisierte Gewächshäuser, wo Pflanzen zwar wachsen könnten, aber künstlich bestäubt werden müssten ... Und nach einem harten Arbeitstag könnten wir uns nicht bei einem Spaziergang im Wald erholen.

Welche Dienstleistungen erbringen Ökosysteme? Man differenziert

- *produzierende Leistungen*, z.B. Sauerstoff, Holz, Baumwolle, Honig, Fische,
- *regulierende Leistungen*, z.B. Wasserreinigung durch Bodenpassage, Hochwasserschutz durch Auen, CO_2-Speicherung durch Wälder, Bestäubung durch Insekten,
- *unterstützende Leistungen*, z.B. fruchtbarer Boden, der Ackerbau erst ermöglicht,
- *kulturelle Leistungen*, z.B. Sport in der freien Natur, Inspiration durch schöne Landschaften.

Da diese Ökosystemleistungen miteinander verknüpft sind, führt ihre Nutzung nicht selten zu Konflikten. Beispielsweise beeinträchtigen riesige landwirtschaftliche Monokulturen die Boden- und Wasserqualität. (Beispiel: Der Düngerüberschuss aus dem Soja- und Mais-Anbau in den USA gelangt über das Grundwasser in den Mississippi, der ihn in den Golf von Mexiko „entsorgt"; hier ist wegen des Eutrophierung bereits eine gewaltige Totzone entstanden.) Bauen wir Stauseen, um die Wasserkraft zur Gewinnung von elektrischen Strom zu nutzen, kann es flussabwärts zu Engpässen in der Wasserversorgung kommen. (Beispiel: Dreht Äthiopien mit dem neuen Nil-Staudamm Ägypten das Wasser ab?) Skitourismus schadet der Bergwelt. Das Aufstellen eines Windrades gefährdet Vögel und Insekten und stört das Landschaftsbild.

https://www.youtube.com/watch?v=JxEPevs1jWY
und
https://www.youtube.com/watch?v=QC30mdel6h8
und
https://www.youtube.com/watch?v=iBIrbTiShGo

Videos 7.3a, b und c: Erklärvideos »Was sind Ökosystemleistungen? – Vom Wert der Natur«. (Eurac Reseach bzw. Eusserthal Ecosystem Research Station bzw. TEEB[6] DE, Dauer 3, 5 bzw. 3 Minuten)

---

[6] TEEB (The Economics of Ecosystems and Diversity) ist eine Forschungsinitiative, um dem ökonomischen Wert biologischer Vielfalt aufzuzeigen und Ökosysteme dadurch vor einer Zerstörung zu bewahren (https://de.wikipedia.org/wiki/TEEB).

Zur Verdeutlichung der Komplexität ein paar Zahlen. Im Auftrag vom World Wildlife Fund wurden die Ökosystemdienstleistungen des brasilianischen Regenwaldes pro Hektar und Jahr kalkuliert [61] zu

- 55-88 Euro für die Speicherung für Kohlenstoffdioxid,
- 185 Euro für Vermeidung von Bodenerosion,
- 38 Euro für die Pollenverteilung durch Insekten,
- 40-80 Euro für Honig, Pilze und Wildfrüchte,
- 3-6 Euro für Tourismus und Erholung.

Wenn ein Bauer den Wald abholzt und die Fläche für den Anbau von Soja und die Rindermast nutzt, verdient er gemäß der Studie pro Hektar und Jahr 230-470 und 40-115 Euro, womit sein finanzieller Gewinn etwas höher ist als die Summe der angeführten Ökodienstleistungen. Ein Problem der Berechnung ist die Festsetzung des CO_2-Preises. Wenn dieser deutlich steigt – was schon in Kürze zu erwarten ist –, wird der finanzielle Wert des Regenwaldes, der ja eine negative Emission des Treibhausgases verursacht (!), erheblich steigen. Eine zusätzliche Schwäche der Studie liegt darin, dass der monetär kaum fassbare Wert der Biodiversität überhaupt nicht berücksichtigt ist.

Doch hier eine eindrucksvolle konkrete Zahl, bestimmt von der Organisation Naturkapitel Deutschland (TEEB DE) [62]: In der Bundesrepublik beträgt der Anteil der Blütenbestäubung durch Insekten am Jahreserlös aus der Ernte von Kulturpflanzen 13 %, entsprechend einem Marktwert von 1,1 Milliarden Euro!

Zwischenfazit: Die Menschheit hat unbeabsichtigt und unwissend bis hin zu fahrlässig in Kauf nehmend und teilweise sogar mit krimineller Energie zahlreiche Ökosysteme beschädigt. Sie ist also tatkräftig dabei, den Ast abzusägen, auf dem sie sitzt.

WIE sieht die »Natur der Zukunft« aus? Bernhard Kegel (geb. 1953) hat ein Buch unter diesem Titel geschrieben [63] und den Wissenschaftszweig *Global* oder *Climate Change Biology* mitgegründet, der Voraussagen macht, wie eine wärmere Natur in naher und mittelfristiger Zukunft aussieht, und zwar auf Basis von Analysen früherer Heiß- und Kaltzeiten der Erdgeschichte sowie aktueller Beobachtungen von Veränderungen in der Tier- und Pflanzenwelt.

Klimawandel war seit jeher der Motor der Evolution, so der studierte Chemiker und Biologe. Deshalb wird auch die momentane Klimaerwärmung *alle* Systeme, die sich seit der letzten Eiszeit entwickelt haben, schnell verändern – „innerhalb einer Baumgeneration". Für die Lebewesen gibt es dabei vier Möglichkeiten: Migration, Anpassung, Durchhalten, Sterben. Diese stellt uns Kegel im Seminar vor (Video 7.4).

https://www.youtube.com/watch?v=h1B2UOxcdkE

Video 7.4: Bernhard Kegel »Natur der Zukunft«. (Berlin4Future, Dauer 10 Minuten)

Zusammenfassen lassen sich Kegels Ausführungen in einem durchaus deprimierend klingenden Satz: Eine wärmere Welt wird eine artenärmere und kränkere sein. (Vgl. [59].)

- *Migration*
Alexander von Humboldt hatte 1807 die Pflanzenwelt der Anden genau beschrieben. Vor wenigen Jahren wurden seine Aufzeichnungen überprüft und dabei festgestellt, dass seine Dokumentation exakt stimmt, bis auf die Tatsache, dass praktisch alle Pflanzen gut 200 Meter in die Höhe geklettert sind – die Erderwärmung in den letzten 200 Jahren hat sie dahin getrieben, wo es etwas kühler ist, und das ist im Gebirge weiter oben. Dieses Phänomen hat man mittlerweile an vielen Orten auf der Welt beobachtet, sodass man folgende Regel formulieren kann: Lebewesen fühlen sich in einen für sie spezifischen engen Temperaturbereich am wohlsten. Verändert sich ihre Umgebungstemperatur (und damit auch ihr Lebensumfeld), so wandern sie nach Möglichkeit dorthin, wo die für sie gewohnte und optimale Temperatur herrscht.
Eine analoge Bewegungsrichtung beobachtet man (auf der Nordhalbkugel der Erde) von Süden nach Norden. In der Nordsee zum Beispiel, die sich im Vergleich zu anderen Meeresteilen auf der Welt relativ stark erwärmt hat, hat eine deutliche Zuwanderung von Tintenfischen und Quallen stattgefunden, die früher nur in den wärmeren Gewässern zuhause waren. Auch Insekten wandern. So ist die Anopheles-Mücke mittlerweile wieder in einigen Gebieten Südeuropas angekommen, mit der Gefahr für die Menschen, an Malaria zu erkranken. Und einzelne Exemplare der Tigermücke, die aus den südostasiatischen Tropen und Subtropen kommt,

sind bereits in Deutschland gesichtet worden. Sie sind Überträger der gefährlichen Zika- und Dengue-Viren.

Wenn immer mehr Tiere aus dem Süden in den Norden drängen, häufen sich dort zwangsläufig die Kontakte. Dies fördert Krankheitsübertragungen durch rasch mutierende Bakterien oder Viren. Die Vogelgrippe und die Schweinepest sind typische Beispiele dafür, und auch Corona.

Eisbären haben einen besonderen Grund zur Migration. Ihr Lebensraum, das Eis, schmilzt. Es wird vermehrt beobachtet, dass Eisbären von der auftauenden Hudson-Bucht auf das Festland in Alaska wandern. Dort begegnen sie den heimischen Grizzlys. Dann gibt es meistens Krieg, den die stärkeren Grizzlys in der Regel gewinnen; oder es folgt ein harmonisches Zusammenleben, aus dem sogenannte Cappuccino-Bären hervorgehen.

Und was ist mit den vielen und ständig mehr werdenden menschlichen Klimaflüchtlingen? Wie viele von ihnen ertrinken bereits auf ihrem Weg über das Mittelmeer? Wie viele werden harmonisch in ihren Zielländern integriert?

- *Anpassung*

Füchse migrieren nicht, sondern suchen eher die Nähe der Menschen, passen sich an und leben quasi in einem menschengemachten Schlaraffenland, so der Buchautor. Als „Dank" bringen sie Tollwut und den Fuchsbandwurm mit.

Einige Zugvögel verzichten auf den anstrengenden Flug in den wärmeren Süden, halten den milderen Winter aus und werden zu Standvögeln.

- *Durchhalten*

Profiteure eines wärmeren Klimas sind z.B. Zecken, Borkenkäfer und Heuschrecken. Immer mehr Spinnentiere überleben die weniger kalten Winter und infizieren im Folgejahr ihre menschlichen Wirte beim Blutsaugen mit Bakterien oder Viren, die Borreliose bzw. Hirnhautentzündung verursachen. Die Borkenkäfer freuen sich über die hitzegeschwächten Fichten und vermehrt sich prächtig. Schließlich bringt warmes und gleichzeitig feuchtes Klima vermehrt Heuschreckenplagen.

- *Sterben*

Im Permafrostboden lauern tiefgefrorene Milzbranderreger. Taut der Boden auf, können diese wieder aktiv werden. 2016 infizierten sich Tausende von Rentieren in Russland und verendeten.

Schnecken können mit ihren „Schneckentempo" nicht schnell genug aus ihren mit steigender Temperatur austrocknenden Biotopen fliehen; sie sterben. Ähnlich geht es vielen Amphibien und Muscheln, wenn die kleinen Gewässer, auf die sie angewiesen sind, austrocknen.

Wenn an Buchen und Eichen besonders viele Früchte hängen, ist das kein gutes Zeichen, sondern eins von Stress. Die Bäume glauben nämlich, dass sie verdursten. Bevor sie sterben, wollen sie sich noch vermehren. Wir haben jetzt das dritte Mastjahr in Folge, betont Kegel.

Vergessen wir nicht die steigende Zahl jährlicher Hitzetote in der menschlichen Gesellschaft.

Kegel erklärt mit der match/mismatch-Hypothese noch einen anderen Grund für das Aussterben zahlreicher Tierarten: „Durch Koevolution getroffene „Verabredungen" zwischen Organismenarten werden in Zukunft nicht mehr eingehalten werden können, weil die beteiligten Arten unterschiedlich auf den Klimawandel reagieren. *Der Klimawandel geschieht zu schnell, die Evolution ist zu langsam.* Beispielsweise ist die Fortpflanzungszeit der Karibus so terminiert, dass sie mit dem Beginn der Vegetationsperiode zusammenfällt, in der die Natur sich ein frisches, besonders nahrhaftes grünes Kleid zulegt. Doch um ihre Sommerweidegründe zu erreichen, wo sie ihre Jungen zur Welt bringen, müssen die Karibus erst eine weite Wanderung zurücklegen, und deren Beginn wird durch die Tageslänge bestimmt. Die Tiere kommen deshalb zunehmend zu spät, weil die phänomenologischen Veränderungen durch den Klimawandel in arktischen Lebensräumen besonders dramatisch sind." Wer zu spät kommt, den bestraft das Leben – das Sprichwort wird hier zur traurigen Realität.

WAS uns genauso traurig stimmt, gleichzeitig aber auch ohnmächtige Wut in uns aufkommen lässt, ist die zunehmende *Umweltkriminalität.* Im Seminar schauen wir uns zu dem Thema eine Fernsehreportage an (Video 7.5).

https://www.youtube.com/watch?v=poou7HGckFc

Video 7.5: Euronews frontline, »Umweltkriminalität – eine versteckte Zeitbombe«. (Euronews, Dauer 12 Minuten)

Eigentlich (!) ist es gesetzlich gut geregelt, was mit toxischem Sondermüll, radioaktiven Rückständen aus Kernkraftwerken, Plastik- und Haushaltsabfällen etc. geschehen muss. Weiterhin weiß man genau, welche Aufarbeitungsschritte technisch sinnvoll und machbar sind und welche Recyclingverfahren in Frage kommen. Sie werden in unseren Chemie-Vorlesungen detailliert besprochen, z.B.:

- Das bei der Goldlaugung verwendete Cyanid muss mit Wasserstoffperoxid oxidativ entgiften werden; aber beim illegalen Goldabbau wird es einfach weggespült und verseucht das Grundwasser, mit schlimmen gesundheitlichen Folgen für die anliegende Bevölkerung.

- Das bei der alternativen Goldgewinnung, dem Amalgamieren, verwendete Quecksilber kann durch Destillation quantitativ zurückgewonnen werden; aber beim illegalen Goldabbau verdampft es einfach, wird in der Natur u.a. biomethyliert und treibt dann sein enzymblockierendes Unwesen in Menschen, Tieren und Pflanzen.

- Die meisten Metalle lassen sich prinzipiell recyceln; das kennen wir von den im Anorganischen Praktikum durchgeführten Stofftrennverfahren. Heute landen aber drei Viertel allen Elektroschrotts verbotenerweise auf Deponien. Das ist zudem verschwenderisch, denn etliche Metalle (Co, Ta, Cu …) werden allmählich knapp und zu Konfliktrohstoffen bzw. sind es bereits geworden.

- Giftige polyhalogenierte Biphenylether und Dioxine werden in einer Hochtemperaturverbrennungsanlage vollständig zerstört; doch diese Begleitstoffe zahlreicher Elektroprodukte landen meistens auf versteckten Deponien oder werden im Wald und am Straßenrand einfach weggekippt. Ähnliches passiert mit bromierten Flammschutzmitteln.

- Kein Problem, altes Polyethylenterephthalat kann mit Natronlauge zu seinen Monomeren hydrolysiert und diese können wiederverwendet werden. Das ist bei uns ein

Praktikumsversuch. Warum schwimmen dann Millionen PET-Flaschen auf dem Meer?

Alle professionellen Entsorgungs- und Recyclingverfahren kosten Geld. Und da der globale Turbokapitalismus nicht nur mehr und mehr und noch mehr Produkte hervorbringt, fallen gleichzeitig auch immer mehr und mehr und noch mehr Abfälle sowohl bei den Produzenten, als auch bei den Verbrauchern an. Deshalb ist die Abfallwirtschaft ein lukratives Geschäft und mittlerweile auch ein wirtschaftliches Standbein des organisierten Verbrechens geworden. Illegale Abfallverbrennung, Atommülllagerung, Plastikmüllentsorgung im Meer etc. nehmen zu.

Hier ein paar erschreckende Zahlen [64]: Mit dem illegalen Handel von bedrohten Tier- und Pflanzenarten werden jährlich 7-23, mit dem Schmuggel ozonabbauender Substanzen 50-152, mit der illegalen Entsorgung gefährlicher Abfälle 11-24, mit verbotener Fischerei 10-12 und mit der illegalen Waldrodung und dem Handel von gestohlenem Nutzholz 12-48 Milliarden US-Dollar verbrecherischer Profit gemacht. Tendenz steigend, sodass die Umweltkriminalität bald mit der Drogenkriminalität und illegalen Waffengeschäften mithalten kann.

Eine strafrechtliche Verfolgung ist durchaus möglich, wird aber bei Weitem nicht in dem Maße durchgeführt, wie es erforderlich wäre. Für die Verbrecher gilt: „Geringes Risiko, hoher Profit!" Hier herrscht ein großer politischer Handlungsbedarf.

Umweltkriminalität ist eine tickende Zeitbombe, welche die Natur der Zukunft maßgeblich prägt. Wer gute Nerven besitzt, möge sich die Interpol-Webseite über Umweltkriminalität [65] oder eine Dokumentation der Environmental Investigation Agency [66] anschauen.

Seminar 8: Verdrängt oder verleugnet

WIR wissen so viel über den Klimawandel, doch warum wird so relativ wenig dagegen unternommen? Diese Frage beantwortet uns George Marshall (geb. 1964) in einem Vortrag über sein Buch »Don't even think about it – why our brains are wired to ignore climate change« [29] (Video 8.1). Marshall ist ein britischer Umweltaktivist, Spezialist für Klimawandelkommunikation und Mitbegründer des Climate Outreach and Information Networks, einer allgemeinnützigen Organisation, die sich das Ziel gesetzt hat,

Politiker und die Öffentlichkeit davon zu überzeugen, dass es den Klimawandel wirklich gibt und dass er menschengemacht ist.

---

https://www.youtube.com/watch?v=RelADP17zK8
oder
https://www.youtube.com/watch?v=wBITu9Tpvvo

Video 8.1: George Marshall, »Don't even think about it – why our brains are wired to ignore climate change«. (GBH Forum Network bzw. TEDxWWF, Dauer 54 bzw. 17 Minuten ohne Diskussion)

Marshall erzählt einige Anekdoten, die irgendwie irre, aber nicht lustig sind, sondern vielmehr die Psyche des Menschen in Hinblick auf die Schwerfälligkeit bis hin zur Ignoranz beim Thema Klimawandel entlarven (vgl. die Bilder dazu im Ausstellungssaal 15):

- Nach einer fachlich anspruchsvollen Diskussion über die vom menschengemachten Klimawandel verursachte Eis- und Gletscherschmelze verabschiedeten sich Marshalls Gesprächspartner zum Ski-Urlaub in die Berge.
- In Texas und New Jersey hatten Menschen ihr Hab und Gut durch ein Feuer bzw. einen Hurrikan verloren, widmeten sich trotzdem mit Optimismus den Wiederaufbau, dachten dabei aber nicht im geringsten daran, dass die Katastrophen in einem Zusammenhang mit dem Klimawandels stehen und sich wiederholen könnten und dass sie deshalb entsprechende Vorsichtsmaßnahmen treffen sollten.
- In einer Kiosk-Auslage lag versteckt zwischen einer Vielzahl von Familien-, Reise-, Freizeit-, Mode-, Musik-Magazinen etc. auch ein Heft über das Klima.
- Auf einer privaten Party wurde das Thema Klimawandel zum Stimmungskiller.
- Beim Besuch des Öl-Giganten Shell wurde Marshall explizit gebeten, beim Benutzen der Treppe den Handlauf zu benutzen. Es gehöre zur Corporate Identity der Fima, sich sehr um die Sicherheit ihrer Mitarbeiter*innen und Besucher-*innen zu kümmern.
- Eine sehr freundliche ältere Dame, die den Klimawandel leugnet und ihren Gegner vorwirft, sie wollen die Kontrolle

über ihre Freiheit gewinnen, zeigte Marshall einen Revolver, den sie immer bei sich trägt, denn man wisse ja nie …

„This is very curious … I was horrified", wiederholt Marshall zigmal. Man könnte meinen, dass manche (viele?) Menschen reif sind für die Couch beim Psychiater.

Seminar 9: Der Naturvertrag

KOMMEN wir zurück zum Begrüßungs- und Leitbild unserer Ausstellung, dem „Duell mit Knüppeln" von Francisco José de Goya.

Wir haben bereits gehört, dass der französische Philosoph Michel Serres dieses Bild für eine Allegorie des Denkens im Anthropozän hält: Die um Land und Rohstoffe kämpfenden Menschen merken gar nicht, dass die Natur mitstreitet … und sie letztendlich verschlingen wird. Ein „Naturvertrag" müsse geschlossen werden, so Serres, der eine Erweiterung des nur zwischen den Menschen geschlossenen „Gesellschaftsvertrages" (nach Hobbes) darstelle und den Weg aus dem Anthropozän ins Symbiozän bereite, also in ein Zeitalter, in dem sich der Mensch als Teil der Natur verstehe, sie nicht mehr ausbeute, sondern in einer Symbiose mit ihr lebe [16].

Den Begriff Symbiozän hat Serres von Glenn Albrecht (geb. 1953), einem australischen Professor für Nachhaltigkeit, übernommen, den wir im Seminar später noch zu Wort kommen lassen (Video 9.4). Doch zunächst hören wir uns einen kurzen Radiobeitrag anlässlich des Todes von Serres am 1.6.2019 an, der uns diesen sehr bekannten, vielfach ausgezeichneten und beliebten französischen Philosophen näherbringt (Radioreportage 9.1).

https://www.youtube.com/watch?v=tS_aMkr-ksk

Radioreportage 9.1: Reportage zum Tod von Michel Serres. (Deutschlandfunk am 2.6.2019, Dauer 7 Minuten)

DIE Menschen sollen – nach Albrecht und Serres – Symbionten werden. So weit geht der Biologe und Wissenschaftsjournalist Lothar Frenz (geb. 1964) in seinem Buch »Wer wird überleben? – Die Zukunft von Mensch und Natur« [9] noch nicht. Er schlägt vielmehr vor: „Lasst uns gute Parasiten werden". In unserem

Seminar liest der Biologe und Wissenschaftsjournalist einige Passagen aus seinem Werk vor (Video 9.2).

https://www.youtube.com/watch?v=fd7lSAK9Sdl

Video 9.2: Lothar Frenz, »Wer wird überleben?« (Lesung in der Loki Schmidt Stiftung; Dauer 23 Minuten)

Ein neuer didaktischer Ansatz [67]. Frenz stellt jedem der sechs Kapitel seines Buches Fragen voran, um mit den Leserinnen und Lesern ins Gespräch zu kommen, z.B.:

- Sehen Sie sich als Teil der Natur?
- Ist unser Artenname *Homo sapiens* berechtigt?
- Wenn Sie wählen müssten: Wahrheit oder Hoffnung?
- Wie stellen Sie sich das Paradies vor?
- Wenn Sie Noah wären und der Platz auf der Arche begrenzt wäre, welche Tiere würden Sie mitnehmen?

Vermutlich verstehen Sie, verehrte Seminarteilnehmer*innen, zunächst nicht, worauf der Autor hinaus möchte, und er betont auch selbst, dass viele dieser Fragen gar nicht eindeutig zu beantworten sind. Nehmen Sie sich aber bitte die Zeit, um über die Fragen nachzudenken, bevor Sie weiterlesen und sich Ihnen die Absicht des Autors allmählich erschließt.

Der Mensch ist ein Tier und damit ein Teil der Natur. Doch hat der Mensch den biblischen Auftrag nicht zu ernst genommen, sich die Erde untertan zu machen, und andere Tiere und Pflanzen zu reinen Objekten degradiert? War das weise von ihm? Dank der Naturwissenschaften liegt die Wahrheit auf dem Tisch: Menschengemachter Klimawandel, Artensterben, Ressourcenknappheit etc. stellen eine massive Bedrohung für das Leben auf der Erde in seiner jetzigen Form dar. Leugnen oder verdrängen wir diese unangenehme Wahrheit oder schauen wir ihr mutig ins Gesicht und handeln entsprechend? Das Sprichwort sagt, dass die Hoffnung zuletzt stirbt. Hoffen wir auf ein Happy End, quasi ein Paradies? Wenn ja, wie sieht es aus? Ist es der Status Quo, den wir bewahren möchten? Ist es eine nostalgisch verklärte „gute alte Zeit"? Oder ist es eine autofreie Stadt mit begrünten Häuserfassaden und Solarzellen auf den Dächern, umgeben von Nationalparks, in denen die Wölfe zurückkehren und das ökologische Gleichgewicht einstellen? Wir müssen *jetzt* entscheiden, wohin wir wollen, was wir aufgeben, erhalten und neugestalten möchten. Wen nehmen wir mit auf die Arche und in die Zukunft von Mensch und Natur?

Damit sind wir beim Hauptthema des Buches, der Biodiversität. Frenz arbeitet heraus, dass *jedes* Lebewesen eine Funktion im Ökosystem Erde hat und schildert zahlreiche Bemühungen, um das Artensterben zu vermeiden: Naturschutzreservate, Aufzuchtprogramme, Kryo-Konservierung von genetischem Material – das sind alles Modifizierungen von Noahs Arche.

Es muss eine neue Beziehung zwischen Mensch und Natur aufgebaut werden, in der es um ein geregeltes – und nicht wie bislang ausbeuterisches – Geben und Nehmen geht, sagt Lothar Frenz und schlägt vor: *„Lasst uns gute Parasiten sein!"* Wie meint er das? Wir Menschen erfüllen die Definition eines Parasiten, denn wir schaden unserem Wirt, von dem wir leben … und das ist die uns umgebende Natur. Ein *gefährlicher* Parasit schädigt seinem Wirt so sehr, dass er ihn umbringt, doch er triff damit auch sich selbst, weil er ohne seinen Wirt ebenfalls stirbt. Wenn die Menschheit mit der Natur weiter so umgeht wie bisher, ist sie solch ein tödlicher Parasit und schaufelt sich ihr eigenes Grab. Doch ein *guter* Parasit schadet seinem Wirt nur bedingt, sodass er sich regenerieren kann. Gehen wir Menschen also bitte mit der Natur nachhaltig um!

VERMUTLICH kennt der französische Philosoph Bruno Latour (geb. 1947) das Buch von Lothar Frenz nicht, würde dessen Kerngedanken aber gewiss zustimmen, genauso wie er der Argumentation seines Kollegen Serres folgt, dass die Erde längst auf das ausbeuterische Verhalten der Menschen ihr gegenüber reagiert und dass diese Reaktion nicht länger ignoriert werden dürfe, wenn die Menschen sich nicht selbst auslöschen wollen. Er benutzt die Begriffe „Naturvertrag" und „Symbiozän" (bzw. „guter Parasit") allerdings nicht, sondern spricht von einer Hinwendung der Menschen zum Irdischen, das er – man hat den Eindruck, er sucht noch den richtigen Namen – auch das *Terrestrische* nennt. Das ist für ihn eine *politische Gaia*, die das Recht auf Schutz und Unversehrtheit der Erde einklagt (Geo-Politik). Seine Ideen hat Latour in einem Buch mit dem Titel »Das terrestrische Manifest« [68] zusammengefasst, vermutlich eine sprachliche Anlehnung an »Das kommunistische Manifest« von Karl Marx und Friedrich

Engels, jene Streitschrift von 1848, die Geschichte geschrieben hat.

Im Karlsruher Zentrum für Kunst und Medien gehörte Latour zum kuratorischen Team einer Gedankenausstellung »Critical Zones«. Den Begriff finden wir gut, denn kritische Zonen gibt es auf der Erde in der Tat genug: schmelzende Eisberge und Gletscher, brennende Wälder, auftauender Permafrost, gebleichte Korallenriffe … Was wird Gaia angesichts dessen fordern? Wohl in erster Linie das Stoppen der Treibhausgasemissionen, die Rücknahme des (Neo)Kolonialismus, die Korrektur der negativen Auswirkungen der Globalisierung sowie die Stärkung lokal-nachbarschaftlicher Strukturen und natürlich die Ausrottung des Trumpismus. Zu der Ausstellung gibt es eine Ringvorlesung in der »Terrestrischen Universität«, die den Namen von Latours Manifest adaptiert hat. Einen seiner dortigen Diskussionsvorträge hält Latour auch in unserem Seminar (Video 9.3). (Vgl. [69-71].)

---

https://zkm.de/de/veranstaltung/2020/06/terrestrische-universitaet-mit-bruno-latour
https://zkm.de/de/ausstellung/2020/05/critical-zones

Video 9.3: Bruno Latour, »Das terrestrische Manifest«. (Terrestrische Universität, Dauer 25 Minuten ohne Diskussion)

VIELLEICHT haben Sie, sehr geehrte Leser*innen, jetzt den Eindruck, dass eine Babylonische Begriffsverwirrung herrscht: „Naturvertrag", „Symbiozän", „guter Parasit", „das Terrestrische", „Gaia" … und gleich kommen noch „Earth Emotions" von Glenn Albrecht [72] hinzu (Video 9.4). Doch im Grunde geht es bei all diesen Wortschöpfungen um die Ökosphäre, die von uns Menschen geschädigt wurde und weiterhin wird, die sich mittlerweile aber aktiv dagegen wehrt, ihren Weg geht und dabei keine Rücksicht auf die Menschen nimmt. Die Ökosphäre wird letztlich stärker sein als wir Menschen; sie zwingt uns ihren Willen auf. Deshalb sollten wir so rasch wie möglich Frieden mit ihr schließen.

DAS Buch »Earth Emotions – New Words for a New World« [72] von Glenn Albrecht (geb. 1953) hat einen provozierenden Einband mit dem Bild eines menschlichen Kopfes, in den ein Eukalyptusbaum hineingewachsen ist, auf dem ein Koala sitzt. Das Bild erinnert an die Kopfbilder, die wir in unserer Ausstellung betrachtet haben (Bilder 3.1a und b) und ist eine Metapher für das Eindringen des Menschen in dem Lebensraum des kleinen Bären und vieler anderer Lebewesen. Der australische Professor ist ein kreativer Wortschöpfer. Er hat den Begriff „psychoterratisch" erfunden, um die Beziehung zwischen Umwelt und psychischer Gesundheit zu analysieren und beschreibt einige *psychoterratische Krankheiten*. Beispielsweise die *Öko-Angst* vor dem Zusammenbruch von Ökosystemen; oder die *Öko-Lähmung*, welche die Hoffnungslosigkeit zum Ausdruck bringt, nichts gegen den Klimawandel tun zu können. Oder die *Solastalgie*, die das Gefühl eines Verlustes beschreibt, das entsteht, wenn jemand die Zerstörung seines eigenen Lebensraums direkt miterlebt. Albrecht nennt als Beispiel Landbewohner, deren schöne Wiesenlandschaft vor ihrer Haustüre in kurzer Zeit zu einem hässlichen Kohle-Tagebau wurde. Eine *Pandemie der Solastalgie* müsse verhindert werden – so endet der Vortrag von Albrecht, den wir im Seminar hören (Video 9.4).

---

https://www.youtube.com/watch?v=-GUGW8rOpLY

Video 9.4: Glenn Albrecht, »Environment Change, Distess & Human Emotion Solastalgia«. (TEDx Sydney, Dauer 16 Minuten)

Im Anschluss an den Kurzvortrag diskutieren wir die Gedanken von Albrecht genauer, weil sie direkt zum Titel des vorliegenden Buches führen.

In seiner Publikation »Exiting the anthropocene and entering the symbiocene« [73] entlarvt der Philosoph das Anthropozän als Auslöser der psychoterratischen Krankheiten und sucht nach einem raschen Ausweg. Denn es sei *abnormal*, wie das anthropozentrische Leben von Unsicherheit, Unvorhersehbarkeit, Chaos und unerbittlichen Veränderungen geprägt und die Erde in großer Not sei, durch globale Erwärmung, Artensterben, Versauerung der Ozeane etc. Das sei zwar alles bekannt, aber Änderungsmaßnahmen auf Basis von Demokratie, nachhaltigem Wachstum und Anpassung (Resilienz) seien wenig erfolgversprechend. Die (an sich gute) Herrschaft des Volkes (Demokratie) sei nämlich durch die der Mächtigen, z.B. Internet-Giganten und globale Energie- und Automobilkonzerne, bereits zu korrumpiert; nachhaltiges Wachstum könne es in Anbetracht limitierter Ressourcen gar nicht geben, und der Begriff Nachhaltigkeit sei zu oft ein Synoym für Greenwashing. Subventionen, Bestechung, Mobbing, mafiöse und terroristische Gewalt und Eigeninteressen würden echte und nützliche Veränderungen verhindern, was man als negative Resilienz bezeichnen solle. Der auf diese Weise pervertierte Mensch sei nicht nur ein *Homo non-sapiens*, sondern geradezu eine *pathologische Pest* für die Erde. Starke Worte.

Wir sollten das Symbiozän betreten, fährt Albrecht fort, und gibt dafür eine biologische Begründung. Gewiss gebe es zwischen verschiedenen Lebensformen Konflikte, doch die Interpretation von Thomas Hobbes (s.o.), dass das Leben ein Kampf aller gegen alle sei, und die Formulierung von Charles Darwin (1809-1882), dass der am besten Angepasste überlebe, seien übertrieben bzw. zu einseitig. Gerade die neusten Erkenntnisse über riesige kommunikative Netzwerke von Pilzen im Boden und von Bäumen untereinander (Wood Wide Web) stärkten die These, dass Leben in starkem Maße durch Kooperativität bestimmt werde. Albrecht zitiert die Biophilie-Hypothese des renommierten Evolutionsbiologen Edward O. Wilson (geb. 1929), nach der sich im Laufe der Zeit beim Menschen eine Affinität zu vielen Formen des Lebens und zu Ökosystemen entwickelt habe, woraus sich die ethische Verpflichtung ableite, die Artenvielfalt des Lebens zu schützen und zu bewahren [74]. Biophilie heißt übersetzt „Liebe zum Leben". Abrecht schlägt vor, diesen Begriff zu „Symbiophilie" zu erweitern, denn das hieße „Liebe zum *Zusammenleben*.[7]

Wie müsste das Symbiozän organisiert werden? In einer Symbiokratie – so Albrecht, von Symbiokraten. Das sind Regierende, die ein tiefes Verständnis der gesamten Ökosysteme und der symbiotischen Wechselwirkungen haben, die das Leben erst ermöglichen. (Dann wären Absolvent*innen eines Ökologie-

---

[7] An dieser Stelle ein Vergleich aus der Wirtschaftswissenschaft. Es gibt, wie die Nobelpreisträgerin Elinor Ostrom (1933-2012) gezeigt hat, nicht nur den Homo oeconomicus, der egoistisch auf seinen eigenen finanziellen Vorteil bedacht ist, sondern auch das Phänomen, dass sich Menschen ganz ohne staatlichen Zwang gut organisieren können und ihr Gemeingut (Allmende) konstruktiv und kooperativ nutzen, um gemeinsam zum Nutzen aller komplexe Probleme zu lösen. Können deshalb nicht auch ökologische Probleme, die alle betreffen, auf lokaler Ebene kooperativ angegangen werden [75]? Wir werden diese Frage am Schluss unseres Seminars mit Cyril Dions Film »Tomorrow – die Welt ist voller Lösungen« bejahen (Film 10.14).

Studiengangs die prädestinierten Regierenden der Zukunft.) In Albrechts Publikation heißt es sinngemäß übersetzt, dass das neue Zeitalter geprägt sei von menschlicher Intelligenz, welche die symbiotischen und sich gegenseitig verstärkenden Prozesse in lebenden Systemen nachbilde. Da wir uns als Spezies innerhalb der bereits existierenden evolutionären Matrix entwickelt haben, läge solche Intelligenz als latentes Potenzial in uns. Im Symbiozän würden alle Stoffe recycelt und erneuerbare Energien genutzt, Giftige Abfälle würde vermieden und die menschliche Industrie und Technologie sicher und harmonisch in die bestehenden Öko- systeme integriert, bei gleichzeitiger Gewährleistung sozialer Ge- rechtigkeit, weltweit. Albrecht schließt seinen lesenswerten Artikel mit den (übersetzten) Worten: „Wenn ich richtig liege, wird das Verlassen des Anthropozäns und das Betreten des Symbiozäns für die meisten Menschen eine zutiefst befriedigende Erfahrung sein und … die Erde wird einen großen Seufzer der Erleichterung ausstoßen."

Dann wäre auch der Naturvertrag, den Michel Serres fordert, erfüllt.

DER Biologe und Philosoph Andreas Weber (geb. 1967) gibt uns in einem Fernseh- und einem Radio-Interview einen Tipp, der uns den Eintritt ins Symbiozän erleichtert: Wir mögen bitte von indi- genen Völkern lernen (Video 9.5a und Radioreportage 9.5b). Nicht in dem Sinne, die Lebensweise der Naturvölker zu über- nehmen, sondern zu verstehen, dass es einen *geteilten Atem* gibt und dass wir Menschen *essbar* sind. Diese Worte klingen be- fremdlich, sind aber naturwissenschaftlich leicht zu verstehen:

1. Die Pflanzen produzieren den Sauerstoff, den wir Menschen (und andere Aerober) zum Leben benötigen, und erhalten das von uns ausgeatmete Kohlenstoffdioxid, das sie wiederum für die Fotosynthese brauchen.
2. Damit wir heranwachsen und leben können, essen wir Dinge, die uns die Natur zur Verfügung stellt. Unsere Aus- scheidungen und letztlich unsere toten Körper dienen den Bodenorganismen zur Nahrung, werden auf dieses Weise metabolisiert und der Natur zurückgegeben.

https://www.youtube.com/watch?v=NTu-2ir3dJg
und
https://www.deutschlandfunkkultur.de/philosoph-andreas-weber-
ueber-indigenialitaet-hin-
zum.2162.de.html?dram:article_id=459879

Video 9.5a und Radioreportage 9.5b: Andreas Weber, »Indigenialität«. (SRF Kultur bzw. Deutschlandfunk Kultur, Dauer 29 bzw. 27 Minuten; s. auch [77])

Weber hat für sein Buch, das er uns im Seminar vorstellt, den Titel »Indigenialität« [76] gewählt und bringt damit zum Ausdruck, dass die nach *unserer* Vorstellung von Naturwissenschaft meistens wenig gebildeten Indigenen Völker die Grundlagen der Biologie trotzdem perfekt verinnerlicht haben und dass das von Genialität zeuge. Wie wir schon in der Ausstellung (Bilder 13.5-7) gelernt haben, betrachten Indigene wie der Häuptling Seattle und der Aborigines Big Bill Neidjie, Gagadju Man, die Erde und alle Mitlebewesen als heilig und sich selbst als Teil eines unendlichen Kreislaufes von Geburt, Leben und Sterben. Eine Absage an den – seit Gilgamesch bestehenden – Wunsch nach Unsterblichkeit.

Moses betet im 90. Psalm (Vers 12): „Lehre uns bedenken, dass wir sterben müssen, auf das wir klug werden." Man kann es vielleicht auch so ausdrücken: Im Symbiozän wird der Mensch erst zum Homo sapiens.

WIR schließen dieses Seminar über die Ökologische Philosophie, zu der die meisten Anregungen aus der Sonderausgabe „Klimakrise" des Philosophie Magazins [23] stammen, mit dem Film zum 1983 erschienenen Buch »Wendezeit« [78] von Fritjof Capra (geb. 1939) (Film 9.6).

https://www.youtube.com/watch?v=45S4bNSHYDI

Film 9.6: Fridjof Capra, »Wendezeit«. (Deutsche Filmfassung, 1990, Dauer 106 Minuten)

Der österreichische, in Berkeley arbeitende Physik-Professor hat die These aufgestellt, dass alle Probleme auf der Welt Facetten ein und derselben Krise seien, und zwar einer „Krise der Wahrnehmung". Im wenig kolorierten und deshalb etwas depressiv stimmenden Film werden fast nur philosophische Dialoge geführt. Eine verzweifelte, wütende Physikerin (Liv Ullman), deren für die Behandlung kranker Menschen entwickelter Röntgenlaser *ohne* ihr Wissen für das Star-Wars-Programm missbraucht wurde, erklärt in einem Gespräch mit einem amerikanischen Präsidentschaftskandidaten (Sam Waterston) und einem Dichter (John Heard), was Capra meint.

Vor dem Uhrwerk einer Kirchenglocke auf dem Mont Saint Michel im Wattenmeer der Normandie stehend, erläutert die Physikerin die Entwicklung von Daltons Atommodell zum quantenmechanischen und den damit verbundenen Paradigmenwechsel im Denken. Die Atome hat man sich ursprünglich als feste, kompakte Teilchen vorgestellt, die den Gesetzen von Newtons Mechanik gehorchen und deren Positionen und Bewegungen sich mathematisch exakt beschreiben lassen. Heute weiß man, dass es subatomare Teilchen gibt und dass der Raum eines Atoms im Wesentlichen leer ist. Mehr noch, die Elektronen haben sowohl die Eigenschaften von Teilchen, als auch von elektromagnetischen Wellen, was man mit einer einheitlichen Theorie nicht beschreiben kann und deshalb „Dualismus" nennt. Und schließlich kann man die Elektronen gar nicht lokalisieren, sondern nur Wahrscheinlichkeiten angeben, wo sie sich befinden (Atomorbital). In Molekülen teilen sich zwei bis sehr viele Atome ihre Elektronen; ein Elektron geht dann eine „Fülle von Beziehungen" ein, und Molekülorbitale beschreiben „Wahrscheinlichkeiten von Zusammenhängen". Hier bricht Newtons Weltbild zusammen, nach dem alles auf der Welt, *inklusive jeglicher Lebensform,* wie eine Maschine („Weltmaschine"), wie ein Uhrwerk funktioniert und berechenbar ist.

Deshalb meint Capra, es sei an der Zeit, die mechanistisch-reduktionistische Denkweise generell durch eine ganzheitliche zu ersetzen, womit der Titel seines Buches bzw. Films, »Wendezeit«, verständlich wird. Der Autor definiert Leben als etwas, das *nicht* mathematisch planbar ist, sondern das sich *selbst organisiert,* das sich in einem riesigen Beziehungsgeflecht *selbst erhält, selbst erneuert* und *selbst transzendiert,* d.h. über sich hinauswächst und sich mit Kreativität seiner Umwelt anpasst. Capra nimmt damit die Gaia-Hypothese auf, nach der die ganze Erde ein Superorganismus ist, der sich selbst steuert.

Im Film betrachten die drei Hauptakteure einen Baum. Reduktionistisch kann man die Funktion der Chloroplasten und den

Mechanismus der Fotosynthese aufklären oder die Härte und Schlagzähigkeit des Holzes messen. Das ist interessant und wichtig, erklärt aber keineswegs das *Wesen* des Baumes. Dieses offenbart sich nur, wenn man den Baum im gesamten Ökosystem der Erde betrachtet: seine Symbiose mit Bodenbakterien und Pilzen, seine Früchte, die als Nahrung für zahlreiche Tiere dienen, seine klimastabilisierende Wirkung etc.

In der Folterkammer einer Burg unterhalten sich die Schauspieler darüber, wie die Menschen die Natur ausbeuten und foltern, denn was ist das Abholzen von Urwald oder das Kippen von Plastikmüll ins Meer anderes als Folter?

Schließlich wird im Film die Verantwortung der Wissenschaft thematisiert. Ist es verantwortlich, eine Gallenerkrankung dadurch zu beheben, dass man das Organ einfach wegoperiert? Wäre eine Ernährungsumstellung des Patienten oder eine Verringerung seines beruflichen Stresses nicht sinnvoller; also die Ursachen der Erkrankung, die in der Wechselwirkung des Menschen mit seiner Umwelt liegen, zu beseitigen? Ist es nicht mehr als nur naiv zu denken, man könne das Wachsen der Bevölkerung in der Dritten Welt durch weitere Forschung an und Verteilen von Anti-Baby-Pillen stoppen? Verantwortlich wäre es, die Ursachen der Armut zu bekämpfen. Die Zersplitterung der Wissenschaft in immer mehr Teildisziplinen hält Capra für bedenklich, weil der einzelne Experte nur noch einen winzigen Ausschnitt der Wirklichkeit kenne, aber nicht den großen Zusammenhang. Deshalb ist Capra ein Verfechter des neuen Zweiges der Wissenschaft, der sich Systemtheorie nennt.

Seine Überlegungen gehen auf die fernöstliche Philosophie zurück, insbesondere das Yin-Yang-Prinzip, nach dem ein harmonisches Gleichgewicht immer dann vorliegt, wenn entgegengesetzte Kräfte zwar interagieren, aber ausgewogen sind. Yang – im Symbol weiß dargestellt – steht für „männlich, fordernd, aggressiv, wettbewerbsorientiert, rational und analytisch", während Yin mit der Farbe Schwarz symbolisiert und mit „weiblich, bewahrend, empfänglich, kooperativ, intuitiv und nach Synthese strebend" assoziiert wird. Nach Capra hat in den letzten Jahrhunderten das Yang-Prinzip zu sehr dominiert und deshalb bei sozialen und ökologischen Verhältnissen auf der Erde große Disharmonien verursacht. „Es waren immer Männer", ereifert sich Liv Ullman im Film, „die die Welt erobert, mit Krieg und Elend überzogen, Wirtschaftskrisen verschuldet, die Umwelt zerstört und Frauen unterdrückt, missbraucht und sogar als Hexen verbrannt haben." Das stimmt, und es sind Zeichen einer „untergehenden Kultur", die eindeutig patriarchalisch war. Das neue Zeitalter („New Age") wird nach Capra „gendergerecht". (Diesen Begriff gab es in den 90er Jahren noch nicht; er hätte Capra aber bestimmt gefallen.) Konkurrenz wird zu Kooperation, Verbrauch zu Nachhaltigkeit, und „Mutter Erde" zur Leitmetapher. Atomkraftwerke, welche die Erde mit Radioaktivität vergiften, und Verbrennungskraftwerke, die zum Treibhauseffekt führen, brauchen wir nicht mehr, denn „New Age" ist das „Zeitalter der Sonnenenergie" – oder nennen wir es ruhig das Symbiozän.

Seminar 10: Wege aus der Krise

WIE können wir die globale Metakrise überwinden? Mit einem massiven Protest der Jugend? Durch Öko-Terrorismus? Durch eine Öko-Diktatur? Durch Katastrophenschutz? Mit Hilfe der Wissenschaft? Durch einen Green New Deal? Mit einer Degrowth-Strategie und in einer Postwachstumsgesellschaft? Mit Klimakonferenzen? Mit Hilfe der Justiz? Durch einen aufmunternden neuen Narrativ? Durch Selbsthilfe? In unserem letzten Seminar diskutieren wir verschiedene Lösungsansätze.

„WOMIT wir konfrontiert sind, ist eine Generation, die in keiner Weise sicher ist, dass sie eine Zukunft hat. ... Die Zukunft ist eine vergrabene Zeitbombe." Das schrieb Hannah Arendt (1906-1975) über die 68er Generation [79]. Ihre Worte passen auch heute noch: Damals ging es um die atomare Bedrohung, heute geht es um die nicht minder große Gefahr einer Klimakatastrophe.

Greta Thunberg (geb. 2003) hat den heutigen Kindern und Jugendlichen mit ihren berühmt gewordenen Anklage-Reden (Videos 10.1a und b) eine Stimme des Protestes gegeben. Schade, dass sie dafür nicht sofort den Friedensnobelpreis erhalten hat. Und ebenfalls schade, dass die Corona-Pandemie die so gut angelaufene Fridays-for-Future-Bewegung etwas gebremst hat.

https://www.youtube.com/watch?v=U72xkMz6Pxk
und
https://www.youtube.com/watch?v=SfCUcDAlSKk

Videos 10.1a und b: Greta Thunberg, »Our house is on fire« und »This is so wrong«. (Dauer 6 bzw. 4 Minuten)

WIR fahren mit der genauso engagierten Luisa Neubauer (geb. 1996) fort, die in einem Interview den Bericht des Weltklimarates 2021 kommentiert (Video 10.2). (Siehe auch [80].)

https://www.youtube.com/watch?v=AYEPDJZvpWo

Video 10.2: Luisa Neubauer zum Bericht des Weltklimarats (Welt-Interview, Dauer 6 Minuten)

DER schwedische Ökologe und Journalist Andreas Malm (geb. 1977) findet sowohl Fridays-for-Future als auch Extinction Rebellion [81] ausgesprochen gut, zweifelt aber daran, dass das diesen Aktivitäten zugrundeliegende Konzept des gewaltlosen Widerstandes alleine tragfähig ist. In seinem Buch »Wie man eine Pipeline in die Luft jagt« [82] begründet er seine Meinung damit, dass Aktionen des gewaltlosen Widerstandes wie das der Suffragetten vor dem Ersten Weltkrieg zur Durchsetzung des Frauenwahlrechts oder der Bürgerrechtsbewegung Martin Luther Kings Anfang der 1960er Jahre erst wirklich erfolgreich wurden, als Fensterscheiben eingeworfen wurden bzw. die Black Power-Bewegung aufkam. Malm berichtet von einer Aktion in Stockholm, wo in einer Nacht in einem Stadtviertel bei allen draußen geparkten SUVs – diese besonderen Hass-Symbole für Energieverschwendung – die Reifenventile zerstört wurden. Diese Art von Öko-Terrorismus befürwortet Malm, ergänzt aber mit Nachdruck, dass auf keinen Fall Personen zu Schaden kommen dürften.

Im Seminar hören wir uns die Besprechung seines Buches im Radio an (Radioreportagen 10.3a und b).

https://www.deutschlandfunkkultur.de/andreas-malm-wie-man-eine-pipeline-in-die-luft-jagt.950.de.html?dram:article_id=487132
oder
https://www.swr.de/swr2/literatur/andreas-malm-wie-man-eine-pipeline-in-die-luft-jagt-kaempfen-lernen-in-einer-welt-in-flammen-100.html

Radioreportagen 10.3a und b: Andreas Malm, »Wie man eine Pipeline in die Luft jagt«. (Buchbesprechung in Deutschlandfunk Kultur bzw. im SWR, Dauer 5 bzw. 4 Minuten)

IN einem Fernsehinterview stellt Dirk Roßmann (geb. 1946) sein Buch »Der neunte Arm des Oktopus» [83] vor (Video 10.4). Es ist weder große Weltliteratur, noch kann es als Thriller mit einer James-Bond-Story konkurrieren, wirft aber die unser Seminar bereichernde und provozierende Frage auf, ob der Klimawandel nur noch durch eine *Öko-Diktatur* aufgehalten werden könne (vgl. [59]).

Die fiktive Geschichte nimmt im Jahre 2025 Fahrt auf. Kamala Harris, frisch gewählte Präsidentin der USA, schließt mit dem russischen Präsidenten Wladimir Putin und dem chinesischen Präsidenten Xi Jinping einen echten und dauerhaften Frieden sowie ein militärisches Bündnis. Allen anderen Nationen wird Selbständigkeit garantiert, bis auf eine Ausnahme: Wenn ökologische Standards nicht eingehalten werden, wird die militärische Supermacht eingreifen. Und das geschieht auch, als Brasilien weiterhin für seine landwirtschaftlichen Zwecke den Urwald rodet. Flugzeugträger der vereinigten Supermacht beziehen Stellung rund um Südamerika und bereiten eine Invasion vor; eine Drohne bombardiert Sägemaschinen; die brasilianische Regierung lenkt ein – der Urwald ist gerettet, der Klimawandel abgewendet und Harris, Putin und Xi erhalten den Friedensnobelpreis.

Der Roman hat noch eine zweite Zeitschiene im Jahre 2100. Nachdem das ökologische Desaster verhindert worden war, haben sich ambitionierte Forscher vorgenommen, die Natur und den Menschen durch Künstliche Intelligenz und Gentechnik „upzugraden". Einem Oktopus wird ein bionischer neunter Arm angepflanzt. Eine kurze Zeit lang akzeptiert das Tier diese vermeintliche Optimierung, reißt sich den zusätzlichen Arm dann aber aus und vernichtet ihn. Diese Geschichte ist eine Metapher. Sie zeigt den unbedingten Verbesserungs-, Ordnungs- und Herrschaftsanspruch des Menschen sowie die Natur, die stärker – und klüger – ist und sich nicht immer und überall regulieren, optimieren und beherrschen lassen will.

https://www.youtube.com/watch?v=CFjUA7Lb2Ew
und
https://www.br.de/mediathek/video/im-gespraech-dirk-rossmann-av:617537ad84f4040008299f43

Video 10.4a und Radioreportage 10.4b: Dirk Roßmann, »Der neunte Arm des Oktopus«. (Das!-Interview bzw. BR-Buchkritik, Dauer 41 bzw. 6 Minuten)

Udo Lindenberg macht Werbung für den Roman: „Das ist Hammer!" Uns graut eher vor jeder Form von Diktatur. Aber dauern demokratische Entscheidungsprozesse nicht wirklich viel zu lang, um die erforderlichen Maßnahmen in die Wege zu leiten, das Pariser Klimaziel von weniger als 2 Grad Erderwärmung gegenüber der vorindustriellen Zeit überhaupt noch zu erreichen – zumal die Natur keine weitere zeitliche Verzögerung duldet?

JONATHAN Franzen (geb. 1959) glaubt nicht daran, dass der Klimawandel noch zu stoppen ist. Sein Buch »Wann hören wir auf, uns etwas vorzumachen? – Gestehen wir uns ein, dass wir die Klimakatastrophe nicht verhindern können« [84] ist Programm. Der US-amerikanische Schriftsteller argumentiert aber gar nicht apokalyptisch-destruktiv. Im Gegenteil ermutigt er dazu, viel Geld und Energie in Deichbau, Hochwasser-, Lawinen-, Feuerschutz, Bewässerungs- und Kühlanlagen, Frühwarnsysteme etc. zu investieren. Als vorbildlich bezeichnet Franzen z.B. den Deichbau des jetzt schon teilweise unter dem Meeresspiegel liegenden Hollands.

Im Seminar hören wir uns die Besprechung seines Buches im Radio an (Radioreportage 10.5).

https://www.deutschlandfunkkultur.de/jonathan-franzen-wann-hoeren-wir-auf-uns-etwas-vorzumachen.1270.de.html?dram:article_id=468732

Radioreportage 10.5: Kollapsologie – Die Lehre von dem, was zu tun ist, wenn der Klimawandel nicht mehr aufzuhalten ist. (Deutschlandfunk Kultur, 28.1.2020, Dauer 6 Minuten)

DOCH der Meinung des Kollapsologen Jonathan Franzen, dass der Kampf gegen den Klimawandel bereits verloren und nur noch Schadensbegrenzung möglich sei, möchten wir uns nicht anschließen, sondern die Hoffnung verbreiten, dass die Menschheit noch die Kurve kratzen kann. Dazu hören wir uns eine historische Rede vom 8.11.1989 an (Video 10.6). (Zum Mitlesen siehe [85].)

https://www.youtube.com/watch?v=VnAzoDtwCBg

Video 10.6: Margaret Thatcher, »Global Environment«. (Rede vor der Generalversammlung der Vereinten Nationen, 8.11.1989, Dauer 34 Minuten)

Damals hatte Magaret Thatcher (1925-2013), weniger in ihrer Funktion als britische Premierministerin, sondern vielmehr als promovierte Chemikerin, in einer Generalversammlung der Vereinten Nationen der Weltöffentlichkeit eindrucksvoll das durch menschengemachtes Dichlordifluormethan, CCl_2F_2, verursachte Ozonloch erklärt. Nach der Rede wurde das Montreal-Abkommen, in dem der weitere Einsatz dieser halogenorganischen Verbindung verboten wurde, in kürzester Zeit umgesetzt. Mit Erfolg: Das Ozonloch schließt sich wieder. Deshalb gilt: *Politiker aller Länder – hört auf die Wissenschaft!*
Eine Rede, die Greta Thunberg gewiss auch gefallen hätte.

VON zentraler Bedeutung ist, dass die internationale Politik die richtigen Rahmenbedingungen für Klima- und Naturschutzmaßnahmen schafft. Aus den USA kommt dazu der Vorschlag eines „Green New Deals" [86-88].
Das Konzept dafür bezieht sich auf den „New Deal", mit dem es der amerikanische Präsident Roosevelt (1882-1945) nach der großen Weltwirtschaftskrise am Anfang der 1930er Jahre geschafft hat, mit rascher, intensiver und vielseitiger Gesetzgebung sowie einem enormen Investitionsprogramm die angeschlagene Wirtschaft vor dem Kollaps zu bewahren und sogar in kurzer Zeit wieder zur Blüte zu erwecken. (Vergleichbar erfolgreiche wirtschaftliche Anstrengungen gab es später zur Besiegung des Hitler-Regimes bzw. in Form des Marshall-Plans zum Wiederaufbau Europas nach dem Zweiten Weltkrieg, also in Zeiten großer Not.) Heute soll mit dem politisch und wirtschaftlich ähnlichen Ansatz eines globalen „Green New Deals" die Klimakrise überwunden

werden. Gefordert wird der unverzügliche und massive Ausbau nicht-fossiler Technologien (Elektromobilität, Solar-, Wind- und Wasserstoff-Technologie, Pumpkraftwerke, Geothermie) in Kombination mit einer Umstrukturierung der Wirtschaft, die *nicht* primär dem Wachstum, sondern dem Gemeinwohl verpflichtet ist, die sich verstärkt der Bekämpfung von Armut und Ungerechtigkeit auf der Welt widmet und in der Umweltsünder nach dem Verursacherprinzip zur Kasse gebeten werden. Massenarbeitslosigkeit wird nicht befürchtet; im Gegenteil: Beim Umbau der Wirtschaft sollten mehr Arbeitsplätze entstehen, als beim Abbau der alten Infrastruktur verloren gehen; es müssen allerdings Umschulungsmaßnahmen getroffen werden. Und rückständige Länder, die alte Strukturen nicht abbauen müssen, weil sie diese gar nicht besitzen, können vom raschen Aufbau umweltfreundlicherer Strukturen nur profitieren. Ein weiteres gewichtiges makroökonomisches Argument ist, dass rasch getätigte Investitionen unter dem Strich viel kostengünstiger sind, als damit zu warten und Reparaturkosten für zwischenzeitlich enstehende Umweltschäden zu begleichen. (Vgl. [2], S. 193-194.)

Im Seminar erleben wir, wie die demokratische Kongress-abgeordnete Alexandria Ocasio-Cortez (geb. 1989), politische Erz-Feindin von Ex-Präsident Donald Trump, die Green New Deal Resolution mit überzeugender Leidenschaft vorträgt (Video 10.7). (Zum Mitlesen siehe [88].)

https://www.youtube.com/watch?v=24Dlqdyhjqw

Video 10.7: Alexandria Ocasio-Cortez, »Green New Deal Resolution« (C-Span, Dauer 20 Minuten)

Wir ergänzen die Rede von Ocasio-Cortez durch zwei – auch künstlerisch wertvolle – Animationsvideos, in denen die Ideen und die Umsetzung des Green New Deals verdeutlicht werden (Videos 10.8a und b).

DAS Konzept des Green New Deal wurde inzwischen vom Euro-päischen Parlament übernommen. Doch es gibt kritische Stimmen. Dazu hören wir im Seminar einen Vortrag von Harald Welzer (geb. 1958) (Video 10.9).

https://www.youtube.com/watch?v=d9uTH0iprVQ
und
https://www.youtube.com/watch?v=2m8YACFJIMg

Videos 10.8a und b: »A Message from the Future with Alexandria Ocasio-Cortez« und »A Message From the Future II: The Years of Repair«. (Intercept, Dauer 8 bzw. 9 Minuten)

https://www.youtube.com/watch?v=bTDua-XsFX4

Video 10.9: Harald Welzer, »Localising the European Green New Deal«. (Climate Alliance International Conference 2021, Dauer 27 Minuten)

Der Sozialpsychologe und Herausgeber der Zeitschift für Politik und Transformation taz.FUTURZWEI moniert, dass dem Konzept des Green New Deals bei allen positiven Aspekten immer noch das Festhalten an einem Wirtschaftswachstum anhaftet. Doch das sei grundsätzlich falsch. Denn Wachstum sei nur ein anderer Begriff für gesteigerten Verbrauch und nachhaltiges Wachstum eine Lebenslüge; ohne Wohlstandsverluste gehe es nicht.

Welzer macht einen anschaulichen Vergleich: Der Wachstumszug rast mit steigender Geschwindigkeit auf den Abgrund zu. Im Zug gibt es gutmeinende Menschen, die sich entgegen der Fahrtrichtung bewegen – wir ergänzen: indem sie Biosprit herstellen oder sogar ganz abgasfreie Autos entwickeln, indem sie Plastik- durch Papiertüten ersetzen, Nashörner im Zoo züchten … Und trotz des großartigen Verdienstes von Greenpeace, fährt Welzer fort, sei die Natur heute in einem miserableren Zustand als vor der Gründung der Organisation. Ein bisschen mehr Grün reiche nicht; der Zug müsse gebremst und umgeleitet werden.

Weiterhin gefallen Welzer die Begriffe „Klimakrise" und „Warnung" nicht. Der Begriff Krise suggeriere, dass es ein Zurück zum ursprünglichen Zustand gäbe. Das sei zwar vor 50 Jahren noch möglich gewesen, heute aber nicht mehr. Und warnen müsse man auch nicht mehr; die Mahnungen seien nämlich von Dennis Meadows und seinen Mitarbeiter*innen ausgespochen worden und hätten befolgt werden können, was aber nicht geschehen sei.

Als Sozialpsychologe bringt Welzer ein interessantes Argument: Ein Problem wie das des Klimawandels kenne die Menschheit bislang nicht. Bisher galt es, zwischenmenschliche Konflikte zu lösen; Menschen redeten mit Menschen – oder duellierten sich mit Knüppeln (Goya). Jetzt seien die Verhandlungspartner erstmals *nicht*-menschlich, u.a. schmelzende Gletscher, tauender Permafrost, meandernde Jetstreams, vertrocknende Fichten … Und diese Verhandlungspartner hätten die stärkeren Argumente. Mit dem Terrestrischen, der politisch aktiv gewordenen Gaia (Bruno Latour), wurde bisher noch nicht verhandelt. Wie sähe der Naturvertrag (Michel Serres) aus?

DER Wirtschaftsprofessor Nico Paech (geb. 1960) gehört zu den wenigen Anti-Mainstream-Ökonomen, die meinen, dass die Wirtschaft in Anbetracht schwindender Ressourcen, zunehmender Umweltzerstörung und sozialer Spannungen nicht weiter wachsen dürfe, dass Wohlstand auch ohne Steigerung des Bruttoinlandsproduktes (BIP) gesichert werden könne und dass das jetzige Wohlergehen der großen Industrienationen im Wesentlichen auf einer Plünderung der Dritten Welt beruhe [89]. Wir hören uns einen Vortrag von ihm an (Video 10.10).

https://www.youtube.com/watch?v=7y0YR345B0M

Video 10.10: Nico Paech, »Die Krise meistern – von Produktivitätsdogma zur Postwachstumsökonomie«. (Ringvorlesung der Hochschule Bonn-Rhein-Sieg, Dauer 52 Minuten)

Paech schildert, wie eine *Postwachstumsgesellschaft* aussehen könne. Ihm sei eine Entschleunigung wichtig mit verkürzter Arbeitszeit und gerechter Verteilung der Aufgaben, damit die Menschen die Freizeit hätten, um ihr Leben allgemein und deutlich weniger Konsumgüter, diese aber intensiver und länger, zu genießen. Er ruft zu mehr ehrenamtlichen Tätigkeiten und zum gemeinsamen Nutzen beispielsweise eines Autos oder Rasenmähers durch mehrere Personen auf, was nicht nur Ressourcen und Geld sparen, sondern die Menschen auch näher zusammenbringen würde. Mehr Glück ist für Paech entscheidend, nicht ein höheres BIP.

KANN die Welt eventuell auf dem Rechtsweg gerettet werden? Diese Frage stellen wir uns im nächsten Seminarteil.

Bemerkenswert ist, dass sich unlängst die *Justiz* vermehrt der Klimakrise angenommen hat. Weil die Politik zu „lahm" ist und die Beschlüsse von internationalen Klimakonferenzen nicht (im ausreichenden Maße) umsetzt? So hatte das Bezirksgericht in Den Haag am 26.5.2021 den britisch-niederländischen Ölkonzern Shell dazu verurteilt, seine Menge an Treibhausgasen bis 2030 um 45 Prozent zu reduzieren, verglichen mit dem Jahr 2019 – das Unternehmen sei zum Klimaschutz verpflichtet [90]. Bereits am 24.3.2021 hatte das Bundesverfassungsgericht Klimageschichte geschrieben. Klimaschutz muss, so das höchste Gericht, vom Gesetzgeber so gestaltet und konkret gefasst sein, dass auch Kinder, Enkel und Nachgeborene ihre freiheitlichen Grundrechte in der Zukunft ausüben können. Mit diesem Urteil hat das Prinzip Verantwortung (nach Hans Jonas [55]) – erfreulicherweise – Verfassungsrang erlangt [91].

In dem sehenswerten fiktionalen Fernsehspielfilm von Andres Veiel (geb. 1958) »Ökozid« [92] (Videos 10.11a und b) kommt es im Jahre 2034 zu einer Gerichtsversammlung. Angeklagt ist die Bundesrepublik Deutschland wegen systemischen Versagens ihrer Umweltpolitik der Jahre 1998-2020, den dadurch weltweit angerichteten ökologischen Schaden und den damit verbundenen negativen Folgen für Menschen in vielen Ländern der Erde. Kläger sind Vertreter von 31 afrikanischen und südostasiatischen Staaten. Der Europäische Gerichtshof erklärt den Tatbestand „Ökozid" für zulässig und verurteilt die BRD zur Schadensersatzzahlung.

https://www.ardmediathek.de/video/wdr-dok/oekozid-oder-justiz-drama/wdr/Y3JpZDovL3dkci5kZS9CZWl0cmFnLTFlMTA0NjA3LTM4MTktNDZhZi05ZTJhLTYzOGUwODJmOTA5NQ/
und
https://www.youtube.com/watch?v=nGkOpmk1Js8

Videos 10.11a und b: Was sagt die Justiz? »Ökozid«. (Fernsehfilm von Andres Veiel und Faktencheck der Max-Planck-Gesellschaft, Dauer 90 bzw. 23 Minuten)

Diese Thematik darf in unserem Seminar nicht fehlen, weil sie die ethische Dimension der politischen Verantwortung für die Gesundheit des ganzen Systems Erde aufwirft. „Lässt sich aus den

Menschenrechten das Recht der Natur auf Unversehrtheit ab-
leiten?" fragt der Richter im Film und antwortet mit Ja.

Erklärvideo „Klimakonferenzen"

https://www.youtube.com/watch?v=IVvTLKqQ1BQ

Diskussionsvorträge „Klima- und Umweltklagen"

Einführung – Was kann das Recht?
https://www.youtube.com/watch?v=Xe_Ej3CEM8c

Die EU vor Gericht zu mehr Klimaschutz verpflichten – People's
Climate Case: https://www.youtube.com/watch?v=G6Xwh9XPMic

Klimawandel als Generationsfrage – Gemeinsam fürs Klima
klagen: https://www.youtube.com/watch?v=OWbBnxMeYho

Klimaklagen auf europäischer Ebene – Chancen und Hürden:
https://www.youtube.com/watch?v=3XhiHwUGUwE

Lehren aus fünf Jahren Pariser Klimaabkommen – fünf Jahre
Klima-Klage gegen RWE:
https://www.youtube.com/watch?v=zJ4gh8FH1WY&t=205s

Kurzvideos „Fallbeispiele"

Youth4ClimateJustice:
https://youth4climatejustice.org/

Klima-Seniorinnen:
https://www.youtube.com/watch?v=qqe2s9WB1qU

People's Climate Case:
https://peoplesclimatecase.caneurope.org/de/

Saúl Luciano gegen RWE:
https://germanwatch.org/de/huaraz

Videos 10.12a-j: Klimakonferenzen als Basis der internationalen
Gesetzgebung und die Klimakrise vor Gericht. Diskussionsvorträge
mit Fallbeispielen. (Dauer 7, 94, 92, 116, 111, 61, 2, 3, 8 bzw. 6
Minuten)

Inzwischen reichen immer mehr Rechtswissenschaftler-
*innen und Anwält*innen zusammen mit Nicht-Regierungsorga-
nisationen weltweit Klimaklagen ein. U.a. bieten die Heinrich-
Böll-Stiftung und Germanwatch dazu Informationen und Vor-
tragsreihen an (Videos 10.12b-f) [93, 94].

In unserem Seminar haben wir uns nach einem kurzen Erklär-video (Video 10.12a) über die Bedeutung von Klimakonferenzen, auf denen internationale Vereinbarungen getroffen werden (sollen) [95], aus fünf mehrere Stunden füllenden, sehr interessanten und auch für juristische Laien gute nachvollziehbaren Diskussionsvorträgen (Videos 10.12b-f) auf die Ausführungen der international renommierten Rechtsanwältin Roda Verheyen und der Professoren Hermann Ott und Gerd Winter bezüglich vierer repräsentativer Klagen (siehe auch die Kurzvideos 10.12g-j) konzentriert:

- *Youth4ClimateJustice* vertritt das Recht der heutigen Jugend auf eigene Entwicklungsmöglichkeiten in der Zukunft (intertemporale Freiheitssicherung), die gefährdet erscheinen, wenn das restliche CO_2-Budget bis zur anvisierten Erderwärmung um maximal 1,5 °C zu schnell verbraucht sei und die Staaten dann zu drastischen Einschränkungen der Freiheiten ihrer Bürger gezwungen seien, um eine Klimakatastrophe noch zu vermeiden. Nur ein rechtzeitiger und effektiver Klimaschutz ermögliche generationenübergreifende Gerechtigkeit. [96]
- *Klima-Seniorinnen* in der Schweiz haben ihre Regierung verklagt, nicht genügend für den Klimaschutz zu tun. Sie argumentieren, dass gerade ältere Frauen durch zunehmende Hitzewellen im Sommer in ihrer Gesundheit besonders gefährdet seien. Klimaschutz sei unverzichtbarer Gesundheitsschutz, zu dem der Staat verpflichtet sei. [97]
- *People's Climate Case* ist die Klage einer Gruppe von Landwirten und Gastronomen in der Europäischen Union, in Kenia und auf den Fidschi-Inseln, deren Familienbetriebe aufgrund von Trockenheit, Hitze, Überschwemmung bzw. Schnee- und Eisschmelze in ihrer Existenz bedroht sind. Gefordert wird die internationale Einhaltung der festgelegten Treibhausgas-Reduktionen als Basis für eine Zukunftssicherung. [98]
- Der perunanische Bergführer und Landwirt *Saúl Luciano Lliuya klagt gegen RWE*, weil die von dem deutschen Energiekonzern verursachten CO_2-Emissionen dazu beitrügen, dass der Palcacocha-Gletscher zunehmend schmelze, ein Gletschersee zu brechen drohe und seine Heimatstadt Huaraz überschwemmen könne. Die Klage wird hauptsächlich mit

dem physikalischen Gesetz begründet, dass sich Gase im Raum verteilen, also auch ein Teil des in Deutschland freigesetzten Kohlenstoffdioxids mit einer hohen Wahrscheinlichkeit in das peruanische Hochland gelangt und dort zur Erwärmung der Atmosphäre beiträgt. Diese strategische Prozessführung setzt auf weltweite Klimagerechtigkeit und zitiert den Nachbarschaftsparagraphen und das Verursacherprinzip: Der in Essen ansässige Konzern schade seinem Nachbarn Saúl in Peru – im globalen Dorf Erde. Auch vor Gericht gilt das Gesetz der Biologie, das alles ist mit allem vernetzt ist. [99]

Den Klagen gemeinsam ist, dass die Regierungen einzelner Staaten sowie die Europäische Union internationale Klimaabkommen (insbesondere den Pariser Vertrag von 2015) nicht oder in nicht ausreichendem Maße umsetzen und damit Menschenrechtsverletzungen in Kauf nehmen. Man kann es nicht oft genug betonen: *Klimaschutz ist Menschenrecht!*

Die heutige Rechtsprechung ist anthropozentrisch. Die von Rechtsanwälten stellvertretende Klage von Nordsee-Robben gegen die Verklappung von Dünnsäure wurde vor Gericht nicht zugelassen. Tiere hätten kein Klagerecht. Trotzdem war der Antrag eine gelungene Aktion, denn das Einleiten von Abfall-Säure ins Meer wurde kurze Zeit später tatsächlich verboten. Ähnlich war es mit einer Klage von Ferkeln gegen ihre Kastration. Die *nicht*menschlichen Kläger wurden vor Gereicht abgewiesen; trotzdem wurde das Anliegen ins Tierschutzgesetz aufgenommen. Heute geht es vor Gericht darum, dass Menschen unter der Zerstörung von Ökosystemen auf verschiedene Weise leiden. Wenn dieser Tatbestand juristisch anerkannt wird, wäre der von Michel Serres geforderte Naturvertrag erfüllt und auch im juristischen Sinn der Weg ins Symbiozän bereitet.

Passend zum Weltklimagipfel in Glasgow ist Greenpeace gegen den Volkswagen-Konzern vor Gericht gezogen. Der Autohersteller möchte bis 2050 CO_2-neutral sein, was der Umweltschutzorganisation bei Weitem nicht ausreicht. Soll hier in die unternehmerische Grundfreiheit eingegriffen werden [100]? Das juristische Ende ist offen. Ich möchte an dieser Stelle aber bereits mein Laien-Urteil fällen: Eine Firma, die durch Abschalten von Autoabgaskatalysatoren dreiste Umweltkriminalität betrieben hat, soll ruhig kräftig zur Kasse gebeten werden und massive Klimaschutzauflagen bekommen!

ADAM Smith (1723-1790), der Begründer der Marktwirtschaft, hat richtig erkannt, dass globaler Handel wie von einer unsichtbaren Hand geführt nach dem Prinzip von Angebot und Nachfrage zum Wohle der Nationen funktioniert [101] – wir ergänzen: *sofern der Preis für ein Produkt fair ist.* Aber ist der Preis z.B. für eine Tankfüllung Benzin fair? Gewiss, man zahlt Benzinsteuer, wovon der Staat Straßen bauen und die Verkehrspolizei unterhalten kann. Aber wer zahlt die Kosten für die Schäden, welche die CO_2-Emission beim Autofahren verursacht? Beispielsweise für die Zerstörung einer Armensiedlung durch einen Wirbelsturm (ganz zu schweigen von dem damit verbundenen menschlichen Leid) oder für das Sterben des Great Barrier Reefs mit all seiner Artenvielfalt durch kohlensaures Meerwasser? Der ökologische Fingerabdruck der meisten Produkte ist preislich einfach nicht einkalkuliert; es zahlen die ganze Menschheit und die Natur; das Verursacherprinzip ist ausgehebelt! Wirtschaftswissenschaftler hätten viel damit zu tun, alle Preise neu zu berechnen, weil sie Jahre lang – Jahrhunderte lang – falsch gerechnet haben.

„Höher, weiter, schneller, mehr – das klappt ganz gewiss nicht mehr“ – wäre das ein Motto für ein Demonstrationsposter, um das Wachstum des Bruttoinlandproduktes als Wohlstandsindikator durch eine Glücksökonomie zu ersetzen, in der die Zufriedenheit der Bevölkerung das Maß für eine Nation ist, in der man gerne lebt (vgl. Nico Paech)? Wir sollten »Unsere Welt neu denken«. So lautet der Titel des Bestsellers von Maja Göpel (geb. 1976) [102]. Die Autorin ist Generalsekretärin des Wissenschaftlichen Beirates der Bundesregierung für Umweltveränderungen und hat im März 2019 „Scientists for Future“ gegründet. Als Transformationsforscherin und unbeirrbare Humanistin fordert sie uns dazu auf, nicht aus Angst vor den möglichen Folgen der Erderwärmung zu erstarren oder diese auch nur zu verdrängen (kognitive Dissonanz), sondern positiv zu denken, wie schön es wäre, wenn die Fichten nicht vertrocknen, sondern grünen, wenn Korallen nicht verbleichen, sondern ihre ganze Farbenpracht entfalten, wenn wir keine Atemschutzmasken mehr bräuchten, weil uns kein Smog das Atmen erschwert, wenn Menschen nicht migrieren müssten, sondern in ihrer Heimat bleiben könnten, weil kein Klimawandel sie zum Fliehen dränge … Warum nicht Tempo 30 in allen Städten und Tempo 100 auf allen Autobahnen? Denn allein die Entschleunigung täte allen Menschen gut. Göpels Glauben an die „Kraft von Wissen und Gewissen“, den sie in einen Fernsehinterview Interviews vermittelt (Video 10.13a), ist ansteckend, und das ist gut so. Denn Pessimismus und das Gefühl von Hilflosigkeit angesichts einer Klimakatastrophe bringen uns nicht weiter.

https://www.youtube.com/watch?v=jLDicxCQpDU (erster Teil des Videos)
und
https://www.youtube.com/watch?v=hBMQtE5OS3l

Videos 10.13a und b: Maja Göpel, „Unsere Welt neu denken". (Sternstunde Philosophie des SRF-Kultur bzw. Terra X, Dauer 33 bzw. 22 Minuten)

In einem zweiten Interview (Video 10.13b) beantwortet Göpel folgende Fragen:

1. Was wiegt schwerer – das Bevölkerungswachstum oder der steigende Konsum?
2. Welche Rolle spielt die Globalisierung bei der Zerstörung der Lebensräume?
3. Welche Anreize könnte man schaffen, dass man in der Abholzung des Regenwaldes nicht mehr das große Geschäft sieht?
4. Welche Verantwortung tragen wir an der Umweltzerstörung, die am anderen Ende der Welt stattfindet?
5. Wie könnten wir einen Weg aus der Krise finden, der uns ökologisch und ökonomisch weiterbringt?
6. Sind Arten- und Klimaschutz überhaupt bezahlbar?
7. Schuldzuweisungen in Richtung anderer Länder – Was bedeutet dieses Denken im Umkehrschluss?
8. Können auch kleine Veränderungsschritte einzelner wirkungsvoll sein?
9. Oft werden Menschen wie Sie (Maja Göpel) in die Ecke der moralischen Beschwörer gesteckt. Als Verfechter einer Ökodiktatur. Wie sehen Sie das?
10. Was kann jede*r Einzelne tun? Welche Chancen könnte es auch für die Ökonomie bedeuten?
11. Was hat Fridays-for-Future bewirkt und welche Konsequenzen hat das für Sie als Forscherin?
12. Wie können wir die Herausforderungen meistern?

13. Mit welchen Veränderungen in unserem Konsumverhalten können wir ganz konkret etwas tun?

Im Seminar können die Teilnehmer*innen erst selbst über diese Fragen diskutieren und sich dann Göpels Ansichten anhören. So kommen wir mit der Vortragenden in einen aktiven Dialog.

ZUM Schluss unseres Museums- und Seminarbesuchs lassen wir uns von dem Optimismus des französischen Filmregisseurs Cyril Dion (geb. 1978): »Tomorrow – die Welt ist voller Lösungen« [103] anstecken (Film 10.14). Der Filmtitel spricht für sich. (Vgl. [2], S. 199-200.)

---

https://www.youtube.com/watch?v=lJy_tAm9lJQ

Film 10.14: Cyril Dion, »Tomorrow – die Welt ist voller Lösungen«. (Pandora Film, Trailer; der ganze Film ist im Internet nicht frei verfügbar)

Nach der Meinung von Cyril Dion wollen die Menschen keine Zahlen mehr hören, um wieviel parts per million der CO_2-Gehalt in der Atmosphäre im letzten Jahr zugenommen hat, um wieviel Millimeter der Meerwasserspiegel gestiegen ist, wieviel Hitzetote es gegeben hat etc. Er zieht es vor, den Menschen aufmunternde Geschichten zu erzählen, wie die Welt tatsächlich verbessert werden kann. Hier einige der im Film vorgestellten Leuchtturmprojekte aus aller Welt:

- In der Normandie haben Landwirte das uralte System der Permakultur (von engl. permanent (agri)culture) reaktiviert, wobei sie ganz ohne Kunstdünger und Pestizide auskommen, durch Variation der Fruchtfolgen auf Kleinflächen der Artenvielfalt Rechnung tragen, mit Leguminosen die Stickstofffixierung aus der Luft fördern sowie Regenwürmer züchten, die den Boden auflockern und die Humusbildung anregen.
- Urban Gardening-Aktivisten pflegen mitten in Detroit kleine Beete mit Obst und Gemüse.
- In Lille sind viele Dächer begrünt, wodurch ein Lebensraum für Insekten und Vögel geschaffen und im Sommer eine Kühlung bewirkt wird.

- In der englische Kleinstadt Totnes gibt es eine lokale Währung, die den regionalen und saisonalen Konsum von Lebensmitteln ankurbelt.
- In Reykjavik basiert die Energieversorgung auf Geothermie.
- Eine Genossenschaft in San Francisco betreibt ein Zero-Waste-Konzept für Restaurants, Haushalte und Unternehmen. Wer weniger Abfall produziert, zahlt weniger Gebühren, Verpackungen aus Polystyrol und Plastiktüten sind verboten, Abfallsündern drohen Geldstrafen. Vorteile des Konzeptes sind nicht nur Verminderung von Abfall und Umweltverschmutzung, sondern auch das aktive Mitwirken der Bewohner und die Schaffung lokaler Arbeitsplätze.
- In Kopenhagen wurde viel Geld in Radwege investiert, sodass die dänische Hauptstadt heute ausgesprochen fahrradfreundlich ist.

„Die Welt ist voller Lösungen", schwärmt Cyril Dion.

Tomorrow

DAS letzte Kapitel dieses Buches wollte ich nicht mit „Schluss" oder „Fazit" überschreiben, sondern habe stattdessen den Titel des zuletzt besprochenen Films »Tomorrow« gewählt, denn es geht ja letztlich um die Zukunft. Der Regisseur Cyril Dion hat in Frankreich die Umweltbewegung *Colibris* gegründet. Die Geschichte vom kleinen Kolobri [46] haben Sie, verehrte Leser*innen, bereits beim Verlassen unserer Museumsausstellung als Abschiedsgeschenk erhalten. Dion hat die Lebensphilosophie des kleinen Vogels übernommen: Jede*r sollte ihr/sein Bestes tun!

In der Einleitung habe ich geschrieben, dass ein Museumsbesuch (mit seminaristischer Begleitung) etwas mit den Besucher*innen machen sollte. Wie geht es Ihnen jetzt, nachdem die Vielschichtigkeit der globalen Metakrise und Lösungswege diskutiert wurden?

- Haben Sie Öko-Angst, wie Munchs schreiender Mensch?
- Leiden Sie unter Solastalgie, weil die geliebte Natur vor Ihrer Haustüre verschwunden ist?
- Sind Sie öko-depressiv, wie die Autoren von »Die Grenzen des Wachstums«, da reichlich Zeit gewesen wäre, die Warnungen ernst zu nehmen, doch (fast) nichts geschehen ist, und weil Sie sich heute hilflos fühlen, als einzelne Person die Klimakatastrophe noch abzuwenden?
- Können Sie Greta Thunberg verstehen, wenn sie sagt: „This is so wrong!"
- Bei aller Kreativität und Genialität des Menschen, können Sie nachvollziehen, warum Friedrich Schiller den Menschen als den schrecklichsten aller Schrecken bezeichnet hat?
- Können Sie Fake-News und Greenwashing von der Wahrheit unterscheiden?
- Können Sie mit dem Häuptling Seattle fühlen, dass diese Erde heilig ist?

Welchen Weg in die Zukunft möchten Sie beschreiten bzw. halten ihn für realisierbar?

- Glauben Sie an starke Künstliche Intelligenz und Gentechnik, um dem Menschen und die Natur der Zukunft zu designen?

- Meinen Sie, das der Mensch seine Gier und seinen Machbarkeitswahn ablegen kann und sein Wunsch nach Unsterblichkeit erlischt?

- Glauben Sie daran, dass der Klimawandel nicht mehr aufzuhalten ist, und bereiten Sie sich deshalb bestmöglich auf den Kollaps vor?

- Trauen Sie sich zu, die Rolle Noahs zu übernehmen und zu entscheiden, wer überleben darf? Und wenn ja, dann vergessen Sie bitte nicht James Lovelocks letztes großes und großartig illustrierten Buches »Die Erde und ich« [104] mit auf die Reise zu nehmen, denn es ist „... eine Art Überlebenshandbuch für ein neues dunkles Zeitalter, ein Leitfaden, der den Überlebenden einer zusammengebrochenen Zivilisation neu erklären könnte, wie unser Planet funktioniert hat und wie es zu seinem Niedergang kam."

- Sind Sie davon überzeugt, dass das Anthropozän zu einem Ende kommen und der Mensch sich der Natur nicht mehr überlegen, sondern als Teil derselben verstehen wird und folglich der Übergang in das Symbiozän möglich ist?

- Akzeptieren Sie, dass die Natur Rechte hat und diese einklagt?

- Sind Sie durch Echnaton und Diogenes zum Sonnenanbeter konvertiert und erkennen Sie, dass die Sonnenenergie die Antriebskraft des Lebens ist?

- Leuchtet es Ihnen ein, dass ein unendliches Wirtschaftswachstum in Anbetracht begrenzter Ressourcen unmöglich ist?

- Können Sie Abschied nehmen – in Dankbarkeit –, von Gewohnheiten oder Dingen, die heute einfach nicht mehr oder zumindest nicht mehr im bisher üblichen Maße akzeptabel sind, wie z.B. Flugreisen oder Fleischkonsum?

- Teilen Sie die Meinung, dass Umwelt- und Klimagerechtigkeit gleichzeitig soziale Gerechtigkeit und Generationengerechtigkeit bedeutet?

- Liebäugeln Sie eher mit einem Green New Deal oder mit einer Postwachstumsökonomie?

- Ziehen Sie vor Gericht, um ihr Menschenrecht auf Klimaschutz einzuklagen?

- Können Sie den Text des Liedes »Imagine« von John Lennon umschreiben und sich eine wünschenswerte Zukunft vorstellen?

Wenn Sie sich jetzt, nach vielen Stunden der Zustandsbeschreibung der Welt und der Diskussion über Zukunftsperspektiven, so fühlen wie Dr. Faustus: „Da steh ich nun, ich armer Tor! Und bin so klug als wie zuvor" [105], kann ich das nachvollziehen, möchte Sie aber mit dem trösten, was Mai Thi Nguyen-Kim im ersten Seminar sinngemäß gesagt hat: Es gibt nicht *die* Superlösung. Wir müssen vielmehr alles, was schon als eindeutig negativ identifiziert wurde, abstellen, durchaus auch mit Verboten, und allen positiven Aspekten und kreativen Ideen nachgehen – und zwar bitte schnell!

Eine letzte Frage:
Wieviel von dem kleinen Kolibri steckt in Ihnen?

Literatur

Die hier angegebenen Hyperlinks wurden zuletzt am 11.12.2021 überprüft.

[1] D. L. Meadows, D. Meadows, E. Zahn, P. Milling: Die Grenzen des Wachstums – Bericht des Club of Rome zur Lage der Menschheit. – Deutsche Verlagsanstalt, Stuttgart 1972

[2] V. Wiskamp: Die Globale Metakrise aus dem Blickwinkel der Chemie – Vorschläge für Seminare und Projektarbeiten. – Books on Demand, Norderstedt 2021

[3] V. Wiskamp: „Geh' mir aus der Sonne" / Das Ökologische Manifest / 95 Thesen – Chemie-Lehrende aller Länder, vereinigt euch! – Books on Demand, Norderstedt 2021

[4] A. Hmiza: Die globale Öko-Krise dargestellt in Bildern – Eine berufsorientierte fachdidaktische Zusammenstellung und Analyse. – Bericht über ein Berufspraktisches Semester, Hochschule Darmstadt, in Bearbeitung

[5] K. Feklushina: Lernvideos, Interviews und Dokumentarfilme aus dem Internet als Begleitmaterial für ein ökologisch orientiertes Studium der Chemie- und Biotechnologie – eine fachdidaktische Entwicklungsarbeit – Bachelorarbeit, Hochschule Darmstadt, Darmstadt 2021

[6] P. Campos Tumanova: Klima-Kommunikation – Warum wir so viel über den Klimawandel wissen und trotzdem so wenig dagegen tun – Ein Thema für ein ökologisch orientiertes Studium der Chemie- und Biotechnologie. – Bachelorarbeit, Hochschule Darmstadt, Darmstadt 2021

[7] K. Masalimov: Ökosystemdienstleistungen – Eine fachdidaktische Analyse von Themen für ein ökologisch orientiertes Chemie- und Biotechnologie-Studium. – Bachelorarbeit, Hochschule Darmstadt, Darmstadt 2021

[8] P. Nurse: Was ist Leben? Die fünf Antworten der Biologie. – Aufbau Verlag, Berlin 2021

[9] L. Frenz: Wer wird überleben? – Die Zukunft von Mensch und Natur. – Rowohlt, Berlin 2021

[10] S. Ghimire: Wer wird überleben? Zwischen Artensterben und Anpassung – eine fachdidaktische Literaturstudie für ein ökologisch orientiertes Chemie- und Biotechnologie-Studium. – Bachelorarbeit, Hochschule Darmstadt, Darmstadt 2021

[11] L.-K. Dongmo Zangue: Umweltschutz und Ökologie in Schwellen- und Dritte-Welt-Ländern – eine fachdidaktische Analyse für ein ökologisch orientiertes Chemie- und Biotechnologie-Studium. – Bachelorarbeit, Hochschule Darmstadt, Darmstadt, in Bearbeitung

[12] E. Seefried: Die Erfolgsgeschichte der Nachhaltigkeit. – Frankfurter Allgemeine Zeitung, 6.9.2021. Der Artikel ist für 3 Euro erhältlich über www.faz-archiv.de bzw. direkt über https://fazarchiv.faz.net/faz-portal/faz-archiv?q=Seefried%2C+Elke&source=&max=10&sort=&offset=0&&_ts=1634983916150#hitlist

[13] M. Atiq: Klima und Recht – Eine fachdidaktische Analyse für ein ökologisch orientiertes Chemie- und Biotechnologie-Studium. – Bericht über ein Berufspraktisches Semester, Hochschule Darmstadt, in Bearbeitung

[14] E. Asenova: Ökologie – Wo sich Naturwissenschaften mit Philosophie, Religion, Geschichte, Kunst und Literatur treffen – Vorschläge für einen fächerübergreifenden Dialog im Chemie- und Biotechnologie-Studium. – Masterarbeit, Hochschule Darmstadt, in Bearbeitung

[15] V. Wiskamp, M. Azizi, D. Susdorf, L. Woldeiesus: Lernvideos aus dem Internet – Mehr als Lückenfüller in der Corona-Zeit. – Chemie in Labor und Biotechnik (CLB) 72 (2021), Heft 3-4, S. 162-170

[16] M. Serres: Der Naturvertrag. – 2. Aufl., edition suhrkamp/ Suhrkamp Verlag, Frankfurt a. M. 2015

[17] B. Wiesmeier: Wasser für alle – eine globale Herausforderung. – Brot für die Welt 2004; https://www.schule-der-zukunft.nrw.de/fileadmin/user_upload/Schule-der-Zukunft/Materialsammlung/downloads/1.1_Vortrag-Menschenrecht-Wasser.pdf

[18] V. Wiskamp: Das Wunder des Lebens – Gedanken zu einer Biochemie-Vorlesung. – Shaker Verlag, Aachen 2008, Kap. 10, S. 32-36

[19] F. Schiller: Das Lied von der Glocke. – https://de.wikisource.org/wiki/Das_Lied_von_der_Glocke_(1800)

[20] C. J. Preston: Sind wir noch zu retten? – Wie wir mit neuen Technologien die Natur verändern können. – Springer Verlag, Berlin 2019

[21] J. Soentgen: Ökologie der Angst. – Matthes & Seitz, Berlin 2018

[22] M. T. Nguyen Kim: Die kleinste gemeinsame Wirklichkeit – Wahr, falsch, plausible? – Die größten Streitfragen wissenschaftlich geprüft. – Droehmer Verlag, München 2021

[23] Philosophie Magazin, Sonderausgabe 16 „Klimakrise". – Philomagazin Verlag GmbH, Berlin Herbst/Winter 2020/2021; https://www.philomag.de/archives/16-philosophie-magazin-sonderausgabe-2020

[24] B. Schneider: Klimabilder – Eine Genealogie globaler Bildpolitiken von Klima und Klimawandel. – Matthes & Seitz, Berlin 2018

[25] R. Andrew: Es wird immer schwieriger, uns auf 2 °C zu beschränken. – CICERO Zentrum für internationale Klimaforschung, Oslo 2020; https://folk.universitetetioslo.no/roberan/t/global_mitigation_curves.shtml

[26] Rede von Chief Seattle in der Version von H. Wilken: Kinder werden Umweltfreunde. – Don Bosco Verlag, München 2002, S. 153-155

[27] Gedicht des Aborigines Big Bill Neidjie, Gagadju Man, nach T. Flannery: Wir Klimakiller – wie wir die Erde retten können. – Fischer-Verlag, Frankfurt 2007, S. 74

[28] Steigerlied (Text): https://de.wikipedia.org/wiki/Steigerlied

[29] G. Marshall: Don't even think about it – Why our brains are wired to ignore climate change. – Bloomsbury Publishing, New York 2014

[30] S. Kühl: Warum wir so wenig gegen den Klimawandel tun. – Klimaandmore 2019; https://klimaandmore.de/?p=2438

[31] The Psychology of Climate Change Communication: Übersetzen Sie wissenschaftliche Daten in konkrete Erfahrungen. – Center for Research on Environmental Decisions, Columbia University, New York 2009; http://guide.cred.columbia.edu/guide/sec3.html

[32] D. Kahnemann: Schnelles Denken, langsames Denken. – PENGUIN Verlag, München 2017

[33] Kognitive Dissonanz: https://de.wikipedia.org/wiki/Kognitive_Dissonanz

[34] J. L. Ferreira: An Experiment on confirmation bias. – mapping-ignorance, Universität Madrid, Madrid 2017;

https://mappingignorance.org/2017/04/19/experiment-confirmation-bias/

[35] The Decision Lab: Warum überschätzen wir die Erfolgswahrscheinlichkeit? – Der Optimismus Bias. – https://thedecisionlab.com/biases/optimism-bias/

[36] The Decision Lab: Warum neigen wir dazu zu glauben, dass Dinge, die neulich passiert sind, mit größerer Wahrscheinlichkeit wieder passieren? – Die Verfügbarkeitsheuristik. – https://thedecisionlab.com/biases/availability-heuristic/

[37] The Decision Lab: Warum konzentrieren wir uns auf Dinge oder Informationen, die auffälliger sind, und ignorieren diejenigen, die es nicht sind – Die Salienz-Bias. – https://thedecisionlab.com/biases/salience-bias/

[38] Bystander-Effekt: https://de.wikipedia.org/wiki/Zuschauereffekt

[39] Konsenseffekt: https://en.wikipedia.org/wiki/False_consensus_effect

[40] nsraghavan: Pluralistische Ignoranz und Verantwortungsdiffusion. – NeuroInsights, 2018; https://neuroinsights.in/2018/04/07/pluralistic-ignorance-and-diffusion-of-responsibility/

[41] The Decision Lab: Warum neigen wir dazu, die Dinge so zu lassen, wie sie sind? Status-Quo-Bias. – https://thedecisionlab.com/biases/status-quo-bias/

[42] The Decision Lab: Warum kaufen wir eine Versicherung? – Verlustaversion. – https://thedecisionlab.com/biases/loss-aversion/

[43] The Psychology of Climate Change Communication: Hütten Sie sich vor dem übermäßigen Gebrauch emotionaler Appelle. – Center for Research on Environmental Decisions, Columbia University, New York 2009; http://guide.cred.columbia.edu/guide/sec4.html

[44] The Decision Lab: Warum hängen unsere Entscheidungen davon ab, wie uns Optionen präsentiert werden? – Framing-Effekt. – https://thedecisionlab.com/biases/framing-effect/

[45] BP: https://de.wikipedia.org/wiki/BP

[46] Die Geschichte vom kleinen Kolibri: https://www.grundschule-beerfurth.de/PDF/Texte_Fische%20am%20Strand%20und%20Kolibri.pdf

[47] J. Müller-Salo: Klima, Sprache und Moral – Eine philosophische Kritik. – Reclam jun. Verlag, Ditzingen 2020

[48] E. Horn: Zukunft als Katastrophe. – Fischer-Verlag, Frankfurt 2014

[49] E. Horn, H. Bergthaller: Anthropozän – zur Einführung. – Junius Verlag, Hamburg 2019

[50] Y. N. Harari: Eine kurze Geschichte der Menschheit. – 35. Aufl., Pantheon Verlag, München 2015

[51] Y. N. Harari: Homo Deus – Eine Geschichte von Morgen. – 13. Aufl., Verlag C.H.Beck, München 2017

[52] H. Lesch, K. Kamphausen: Die Menschheit schafft sich ab – Die Erde im Griff des Anthropozäns. – 6. Aufl., Verlag Komplett-Media, München 2017

[53] R. D. Precht: Künstliche Intelligenz und der Sinn des Lebens. – 4. Aufl., Goldmann Verlag, München 2020

[54] J. A. Doudna, S. H. Sternberg: Eingriff in die Evolution – Die Macht der CRISPR-Technologie und die Frage, wie wir sie nutzen wollen. – Springer Verlag, Heidelberg 2018

[55] H. Jonas: Das Prinzip Verantwortung. – suhrkamp taschenbuch 3492, 5. Aufl., Insel Verlag Frankfurt 1979

[56] J. Randers: 2052 – Eine globale Prognose für die nächsten 40 Jahre – Der neue Bericht an den Club of Rome. – 2. Aufl., oekom verlag, München 2014; http://www.2052.info/ und https://de.wikipedia.org/wiki/2052._Der_neue_Bericht_an_den_ Club_of_Rome

[57] Brot für die Welt (Hrsg.): Wasser für alle. – Berlin 2018; https://www.brot-fuer-die-welt.de/fileadmin/mediapool/2_Downloads/Fachinformationen/ Analyse/Analyse83-de-Wasser_fuer_alle.pdf

[58] M. Barlow: Das Wasser gehört uns allen – Wie wir den Schutz des Wassers in die öffentliche Hand nehmen können. – Verlag Antje Kunstmann, München 2020

[59] V. Wiskamp, P. Campos Tumanova, B. Coskun, L. Eckert, K. Feklushina, D. Firsching, M. Hassanipour Fard: Ein Ökologie-Schnupperstudium. – Mögliches Konzept für einen Ökologie-Bachelorstudiengang. – Chemie in Labor und Biotechnik (CLB) 72 (2021), Heft 9-10, S. 410-427

[60] P. Singer: Animal Liberation – Die Befreiung der Tiere. – Fischer Verlag, Erlangen 2015

[61] World Wildlife Fund: WWF-Studie berechnet Wert des Amazonas-Regenwaldes. – https://www.wwf.at/artikel/wwf-studie-berechnet-wert-des-amazonas-regenwaldes/

[62] Naturkapital Deutschland: Fallbeispiel Bestäubung. – In: Naturkapital Deutschland (TEEB DE): Neue Handlungsoptionen ergreifen – Eine Synthese. – Helmholtz-Zentrum für Umweltforschung, Leipzig 2017

[63] B. Kegel: Die Natur der Zukunft – Tier- und Pflanzenwelt in Zeiten des Klimawandels. – DuMont Buchverlag, Köln 2021

[64] UN Environment: The State of Knowledge of Crimes that have Serious Impact on the Environment. – https://23af4a98-6f9f-4a7d-b229-cbf91315456e.filesusr.com/ugd/655326_ff81138a46cb438db14eb0258d261466.pdf

[65] Interpol: Umweltkriminalität. – https://www.interpol.int/Crimes/Environmental-crime

[66] Environmental Investigation Agency: Environmental Crime: A threat to our future. – https://www.unodc.org/documents/NGO/EIA_Ecocrime_report_0908_final_draft_low.pdf

[67] V. Wiskamp, S. Ghimire: Über Noah und dem *homo parasiticus* – Rezension zu „L. Frenz: Wer wird überleben? – Die Zukunft von Mensch und Natur. – Rowohlt, Berlin 2021 [9]“. – Chemie in Labor und Biotechnik (CLB) 72 (2021), Heft 9-10, S. 485

[68] B. Latour: Das terrestrische Manifest. – 4. Aufl., edition suhrkamp, Berlin 2020

[69] Deutschlandfunk Kultur: Buchbesprechung „Das terrestrische Manifest“ von Bruno Latour. – https://www.deutschlandfunkkultur.de/bruno-latour-das-terrestrische-manifest-die-menschheit-hat.1270.de.html?dram:article_id=423856

[70] S. Devries: Zusammenfassung von „Das terrestrische Manifest“ von Bruno Latour. – https://confusion.emergent-deutschland.de/wp-content/uploads/sites/3/2019/10/2019-09-05SimondeVries_Zusammenfassung-von-Bruno-Latour-%E2%80%93-Das-terrestrische-Manifest.pdf

[71] F. Heidenreich: Rezension zu „Das terrestrische Manifest“ von Bruno Latour. – https://link.springer.com/article/10.1007/s42520-020-00274-7

[72] G. A. Albrecht: Earth Emotions – New Words for a New World. – Cornell University Press, Ithaka 2019

[73] G. A. Albrecht: Exiting the anthropocene and entering the symbiocene. – Minding Nature 9 (2016), Nr. 2, S. 12-16; https://www.humansandnature.org/exiting-the-anthropocene-and-entering-the-symbiocene; s. auch https://glennaalbrecht.wordpress.com/2015/12/17/exiting-the-anthropocene-and-entering-the-symbiocene/

[74] Biophilie: https://de.wikipedia.org/wiki/Biophilie

[75] Siehe [23], S. 72; E. Ostrom: Die Verfassung der Allmende. Jenseits von Staat und Markt. – Mohr Siebeck 1991, S. 2-8

[76] A. Weber: Indigenialität. – 3. Aufl., Nicolai Publishing & Intelligence GmbH, Berlin 2019

[77] Zeit online Interview von E. Thadden mit A. Weber: „Wir betrachten alles, was kein Mensch ist, als Ding!". – https://www.zeit.de/kultur/2020-11/andreas-weber-coronavirus-natur-biologie-tiere-philosophie

[78] F. Capra: Wendezeit. – Deutscher Taschenbuch Verlag, München 1991

[79] Siehe [23], S. 73; H. Arendt: Macht und Gewalt. – Piper TB, München 1970

[80] L. Neubauer und A. Repennig: Vom Ende der Klimakrise – Eine Geschichte unserer Zukunft. – Tropen Sachbuch, 2019

[81] S. K. Kaufmann, M. Timmermann, A. Botzki (Hrsg.): Wann wenn nicht wir* – Ein Extinction Rebellion Handbuch. – Fischer Verlag, Frankfurt 2019

[82] Siehe [23], S. 60-63; A. Malm: Wie man eine Pipeline in die Luft jagt. Kämpfen lernen in einer Welt in Flammen. – Matthes & Seitz, Berlin 2020

[83] D. Rossmann: Der neunte Arm des Oktopus. – Bastei Lübbe, Köln 2020

[84] Siehe [23], S. 92; J. Franzen: Wann hören wir auf, uns etwas vorzumachen? – Gestehen wir uns ein, dass wir die Klimakatastrophe nicht verhindern können. – Rowolth Taschenbuch Verlag, Hamburg 2020

[85] M. Thatcher: Global Environment. – Rede vor der Generalversammlung der Vereinten Nationen, 1989; https://www.margaretthatcher.org/document/107817

[86] J. Rifkin: Der globale Green New Deal – Warum die fossil befeuerte Zivilisation um 2028 kollabiert – und ein kühner öko-

nomischer Plan das Leben auf der Erde retten kann. – Campus Verlag, Frankfurt 2019

[87] N. Klein: Warum nur ein Green New Deal unseren Planeten retten kann. – Hoffmann und Campe Verlag, Hamburg 2019

[88] Green New Deal Resolution (Text): https://www.congress.gov/116/bills/hres109/BILLS-116hres109ih.pdf

[89] N. Paech: Befreiung vom Überfluss – auf dem Weg in die Postwachstumsökonomie. – oekom verlag, München 2012

[90] M. Jung, M. Theurer: Shell zum Klimaschutz verurteilt. – Frankfurter Allgemeine Zeitung, 27.5.2021, Nr. 120, S. 15 (Wirtschaft)

[91] J. Müller-Jung: Im Namen der Freiheit – Das Bundesverfassungsgericht hat Wissenschaftsgeschichte geschrieben. – Frankfurter Allgemeine Zeitung, 5.5.2021, Nr. 103, S. N 1 (Natur und Wissenschaft)

[92] A. Veiel: Ökozid. – zero one film (ARD), 2020. – Trailer: https://www.amazon.de/gp/product/B08NHSH8PX/ref=atv_feed _catalog/ref=moviepilot?tag=moviepilot21

[93] Heinrich-Böll-Stiftung: https://www.boell.de/de/klima

[94] Germanwatch: https://germanwatch.org/en/node/19551

[95] Bundesministerium für Umwelt, Naturschutz und nukleare Sicherheit: Ergebnisse der UN-Klimakonferenzen. – https://www.bmu.de/themen/klimaschutz-anpassung/klimaschutz/internationale-klimapolitik/un-klimakonferenzen/ergebnisse-der-un-klimakonferenzen

[96] T. Hummel: „So etwas gab es bisher nicht." Sechs Kinder und Jugendliche aus Portugal verklagen 33 europäische Staaten vor dem Europäischen Gerichtshof für Menschenrechte auf mehr Klimaschutz. – Süddeutsche Zeitung, 2.4.2021 (Umweltpolitik); https://www.sueddeutsche.de/politik/klimawandel-portugal-jugendliche-klage-1.5245950

[97] K. Hondl: Klimajustiz – Schweizer KlimaSeniorinnen vor dem Europäischen Gerichtshof für Menschenrechte. – ARD-Studio Genf, 11.11.2021; https://www.tagesschau.de/ausland/europa/klimaseniorinnen-schweiz-101.html

[98] People's Climate Case: https://de.wikipedia.org/wiki/People%E2%80%99s_Climate_Case

[99] Saúl Luciano gegen RWE:
https://de.wikipedia.org/wiki/Sa%C3%BAl_Luciano
[100] S. Astheimer: Klima-Willkür – Greenpeace zieht gegen Volkswagen vor Gericht. – Frankfurter Allgemeine Zeitung, 10.1.2021, Nr. 262, S. 15 (Wirtschaft)
[101] A. Smith: An Inquiry into the Nature and Causes of the Wealth of Nations. – London 1776
[102] M. Göpel: Unsere Welt neu denken – eine Einladung. – 3. Auflage, Ullstein Buchverlage, Berlin 2020
[103] C. Dion: Tomorrow – die Welt ist voller Lösungen (Buch zum Film). – Kamphausen Mediengruppe, Bielefeld 2017
[104] J. Lovelock: Die Erde und ich. – Taschen GmbH, Köln 2016
[105] J. W. Goethe: Faust – Der Tragödie erster Teil. – Zeilen 358-359

Der Autor

Dr. Volker Wiskamp (geb. 5.3.1957) ist seit 1989 Professor an der Hochschule Darmstadt und unterrichtet dort im Fachbereich Chemie- und Biotechnologie in der Grundausbildung die Fächer Allgemeine, Anorganische und Analytische Chemie, Organische und Industrielle Chemie, Bio- und Naturstoffchemie und hat den fachdidaktischen Arbeitsschwerpunkt Umweltschutz und Ökologie, insbesondere im Rahmen des fächerverbindenden Chemieunterrichts.

Im Verlag Books on Demand (BoD, https://www.bod.de/) sind im Frühjahr und Herbst 2021 diese beiden Bücher, auch als E-Books, von V. Wiskamp erschienen (254 bzw. 116 Seiten, ISBN: 978-3-7534-6007-9 bzw. 978-3-7543-2363-2):

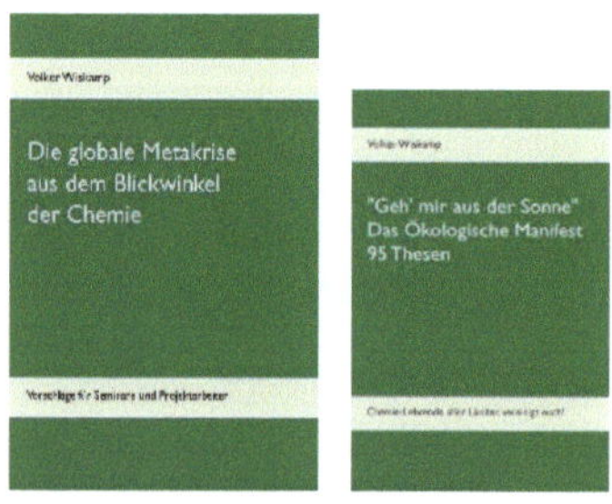

Anschrift:
Prof. Dr. Volker Wiskamp
Hochschule Darmstadt, Fb. Chemie- und Biotechnologie
Gebäude B 15, Stephanstraße 7, 64295 Darmstadt
Tel.: 06151-1638215, E-Mail: volker.wiskamp@h-da.de